职业教育电气自动化设备安装与维修专业教学资源库项目教材

简单电子线路装接与维修

主　编　朱彦齐

副主编　王高尚

中国劳动社会保障出版社

简介

本书主要内容包括直流电源的安装与调试、稳压电源的安装与调试（双电源固定）、稳压电源的安装与调试（单电源可调）、变音门铃的安装与调试、晶闸管调光电路的安装与调试、晶闸管调光台灯的检修、晶闸管调速器的安装与调试。

本书由朱彦齐主编，王高尚副主编，魏福江、季海峰、冯涛、王亮、王枫清、鲁浩参编。

图书在版编目(CIP)数据

简单电子线路装接与维修/朱彦齐主编. —北京：中国劳动社会保障出版社，2015
职业教育电气自动化设备安装与维修专业教学资源库项目教材
ISBN 978-7-5167-2120-9

Ⅰ.①简… Ⅱ.①朱… Ⅲ.①电子线路-中等专业学校-教材 Ⅳ.①TN710

中国版本图书馆CIP数据核字(2015)第232673号

中国劳动社会保障出版社出版发行
(北京市惠新东街1号 邮政编码:100029)

*

三河市潮河印业有限公司印刷装订 新华书店经销

787毫米×1092毫米 16开本 11.25印张 258千字
2015年12月第1版 2025年6月第10次印刷
定价：21.00元

营销中心电话：400-606-6496
出版社网址：http://www.class.com.cn
http://jg.class.com.cn

前　言

为了推进职业教育现代化、信息化建设，更好地满足电气自动化设备安装与维修专业（以下简称电气维修专业）教学资源库项目的建设要求，常州高级技工学校联合全国十所职业院校的电气维修专业骨干教师和行业、企业专家，配合电气维修专业教学资源库项目建设，编写了《照明线路安装与检修》《简单电气设备安装与检修》《可编程序控制器及外围设备安装》《简单电子线路装接与维修》《电动机继电控制线路安装与检修》五本教材。

本套教材的编写特点主要体现在以下几个方面：

一、教材编写力求体现最新的职业教育理念

以建设基于工作实践的项目化课程为最终目标，努力实现“五个对接”。教材编写坚持“做中学、做中教”的理念，整合理论与实践知识，并以学生为主体，以能力为本位，以职业实践为主线，让学生在完成任务的过程中掌握相关知识和技能，注重学生职业生涯发展和职业能力的培养。

二、教材编写来源于岗位典型工作任务分析

按照电气维修专业所面向岗位和职业能力定位进行典型工作任务分析，确定课程体系、教学目标和要求；依据教学目标和要求，结合学生基础和认知规律，确定教材编写内容。

三、教材编写采用项目引导和任务驱动的编写模式

本套教材由若干学习任务组成，每个学习任务分解为若干学习活动。教材以具体任务为中心，通过设计完成任务的方法和步骤，承载相关知识和技能，进而培养学生提出问题、分析问题、解决问题的综合能力。

四、教材配套资源力求数字化、立体化

结合电气维修专业教学资源库项目建设，本套教材配套有丰富的数字化资源，包括图片、动画、视频、虚拟实训、企业案例等。具体内容可与项目组联系。

本套教材的编写工作得到了电气维修专业教学资源库项目组成员学校的大力支持，在此表示诚挚的谢意。

电气自动化设备安装与维修专业教学资源库项目组

2015 年 9 月

目录

任务一　直流电源的安装与调试

学习目标

1. 能识别基本电子元器件，识读原理图、印制电路图、装配图等。
2. 能说出相关工具的名称、用途及其使用方法，能够使用工具装接电子线路。
3. 能规范使用仪器仪表测试元器件的性能及电子线路的功能。
4. 能查阅电子装接的工艺规范，并能按照规范独立装接电子线路。
5. 能正确运用仪器仪表测试装接后的电子线路，正确记录测试结果。

建议课时

50 课时

任务描述

公司因业务需要，现急需一 12 V 的直流供电电源，要求电路供电稳定、可靠，并要在 3 个小时内安装完成电路板的装接调试，线路原理图如图 1—0—1 所示。

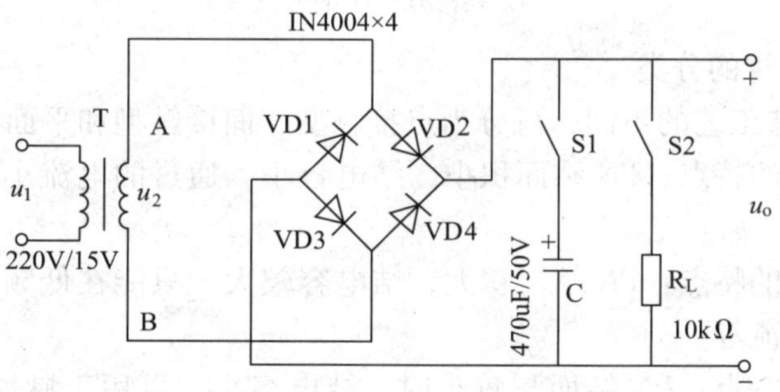

图 1—0—1　线路原理图

工作流程与活动

学习活动 1　认识直流电源电气线路

学习活动 2　手工焊接的操作方法

学习活动 3　线路的安装与调试

学习活动1　直流电源电气线路的认识

学习目标

1. 能识别基本电子元器件，识读原理图、装配图等。
2. 能说出相关工具的名称、用途及其使用方法。

知识准备

一、认识电子元件

1. 二极管

二极管实质上是一个 PN 结，从 P 区和 N 区各引出一条引线，然后再封装在一个管壳内，就制成了一个二极管，如图 1—1—1a 所示。P 区的引出端称为正极（阳极），N 区的引出端称为负极（阴极）。其文字符号为 VD，图形符号如图 1—1—1b 所示。

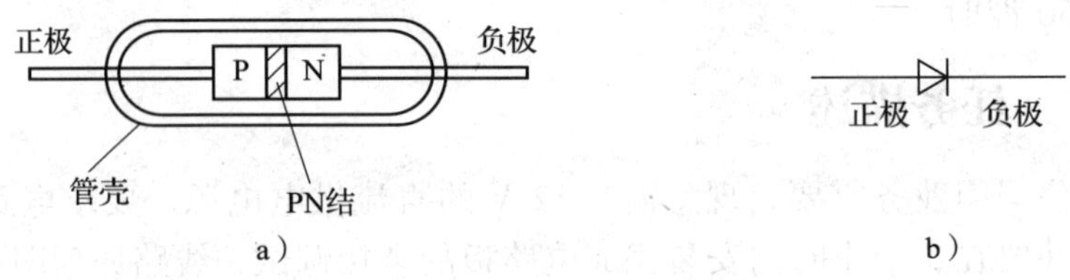

图 1—1—1　二极管结构和符号

a）结构图　b）符号图

（1）半导体二极管的分类

1）按二极管制造工艺的不同，可分为点接触型、面接触型和平面型三种。

点接触型二极管的特点：PN 结面积小，结电容小，通过的电流小，常用于高频、检波等。

面接触型二极管的特点：PN 结面积大，结电容较大，只能在低频下工作，允许通过的电流较大，常用于整流等。

平面型二极管的特点：PN 结面积较小时，结电容小，可用于脉冲数字电路中；PN 结面积较大时，通过电流较大，可用于大功率整流。

2）二极管按材料的不同可分为硅管和锗管。

3）二极管按用途的不同可分为检波管、整流管、稳压管和开关管等。

（2）半导体二极管的命名

二极管根据外形、结构、材料和用途可分成各种类型。按《半导体分立器件型号命名方法》（GB 249—1989）的规定，国产二极管的型号命名法见表 1—1—1。

表 1—1—1　　二极管的型号

<table>
<tr><td colspan="2">第一部分</td><td colspan="2">第二部分</td><td colspan="4">第三部分</td><td>第四部分</td><td>第五部分</td></tr>
<tr><td colspan="2">用数字表示器件的电极数目</td><td colspan="2">用拼音字母表示器件的材料极性</td><td colspan="4">用汉语拼音字母表示器件的类型</td><td rowspan="3">用数字表示器件的序号</td><td rowspan="3">用汉语拼音字母表示器件的规格号</td></tr>
<tr><td>符号</td><td>意义</td><td>符号</td><td>意义</td><td>符号</td><td>意义</td><td>符号</td><td>意义</td></tr>
<tr><td>2</td><td>二极管</td><td>A
B
C
D
E</td><td>N 型锗材料
P 型锗材料
N 型硅材料
P 型硅材料
化合物</td><td>P
Z
W
K
L</td><td>普通管
整流管
稳压管
开关管
整流堆</td><td>C
U
N
BT</td><td>参量管
光电器件
阻尼管
半导体
特殊器件</td></tr>
</table>

（3）二极管的主要参数

1）最大整流电流 I_{FM}。二极管长期使用允许通过的最大正向平均电流称为最大整流电流，常称为额定工作电流，它由 PN 结面积和散热条件决定。

2）最大反向工作电压 U_{RM}。保证二极管正常工作不被击穿而规定的最高反向电压，常称为额定工作电压。一般情况下，最大反向工作电压约为击穿电压的一半。

3）最大反向电流 I_{RM}。最大反向电流是最大反向工作电压下的反向电流，此值越小，二极管的单向导电性越好。

（4）二极管的极性判别与性能检测

常用的晶体二极管有 2AP，2CP，2CZ 系列。2AP 系列主要用于检波和小电流整流；2CP 系列主要用于较小功率的整流；2CZ 系列主要用于大功率整流。一般在二极管的管壳上注有极性标记；若无标记，可利用二极管的正向电阻小、反向电阻大的特点来判别其极性，同时也可利用这一特点判断二极管的好坏。判断时，常用万用表的电阻挡，对于耐压低、电流小的二极管只能用万用表的 R×100 挡或 R×1k 挡。

1）性能判别。测试方法如图 1—1—2 所示，晶体二极管正、反向电阻相差越大越好。两者相差越大，就表明二极管的单向导电特性越好；如果二极管的正、反向电阻值很相近，表明管子已坏（若正、反向电阻都很小或为零，则说明管子已被击穿，两电极已短路；若正、反向电阻都很大，则说明管子内部已断路）。

2）极性判别。在测试正、反向电阻时，当测得的电阻值较小时，与黑表管相连的电极是二极管的正极；当测得的电阻值较大时，与黑表管相连的电极是二极管的负极。

由于二极管的正、反向电阻和测量电流大小相关，所以一根管子的正、反向电阻用不同的电阻挡测量出来的电阻值会有差别。

2. 电容器

电容器是由两个金属电极中间夹一层绝缘体（又称电介质）构成。当在两个电极间加电压时，电容器上就会储存电荷，所以电容器是一种能存储和释放电能的元件。电容器具有阻止直流通过，而允许交流通过的特点，即所谓的“隔直通交”。

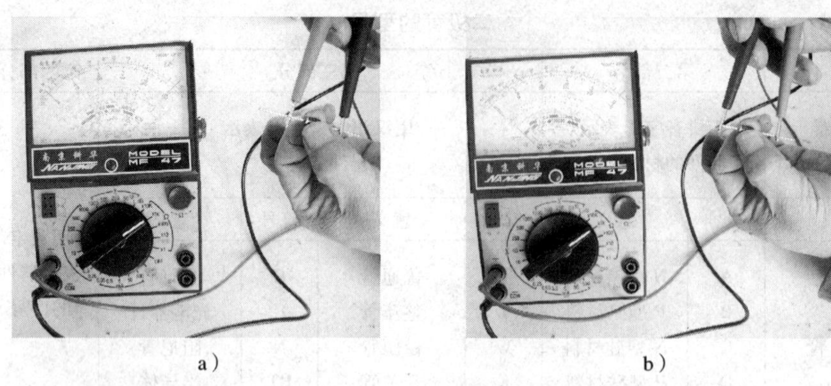
a）　　b）

图 1—1—2　晶体二极管的简易测试

a）正向电阻小　b）反向电阻大

（1）电容器的分类

电容器按结构的不同分为固定电容器、可变电容器及微调（或称半可变）电容器；按电介质的不同可分为固体有机介质、固体无机介质、气体介质、电解质电容器。

常见电容器的外形如图 1—1—3 所示。

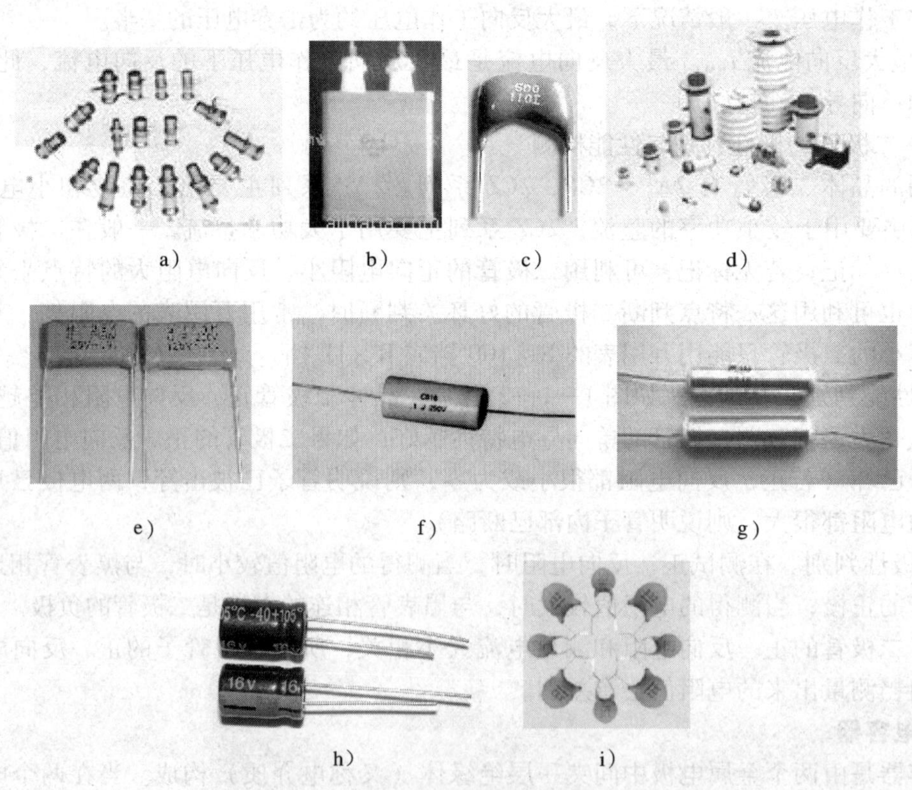
a）　b）　c）　d）

e）　f）　g）

h）　i）

图 1—1—3　常见电容器的外形

a）空气介质电容器　b）纸介质电容器　c）云母电容器　d）瓷介电容器

e）涤纶电容器　f）聚苯乙烯电容器　g）金属化纸介电容器　h）电解电容器　i）圆片电容

常用电容器的图形符号见表1—1—2。

表1—1—2 常用电容器的图形符号

图形符号	—||—	—+||—	可变电容符号	微调电容符号	同轴双联可变电容符号
名称	电容器	电解电容器	可变电容器	微调电容器	同轴双联可变电容

(2) 电容器的主要参数

1) 电容器的标称容量和偏差。不同材料制造的电容器，其标称容量系列也不一样，一般电容器的标称容量为E24、E12、E6系列。

电容器的实际电容量与标称容量的允许最大偏差，称为电容器的允许偏差。E24 ~ E6系列固定电容器的允许偏差分为3级：Ⅰ级为±5%，Ⅱ级为±10%，Ⅲ级为±20%。

精密型电容器的允许偏差较小，可采用00级（±1%）、0级（±2%）等。

对于E3系列电容器的允许偏差可采用不对称偏差，见表1—1—3。

对于固定电容器中的标称容量小于10 pF的无机介质电容器，所用允许偏差一般为绝对允许偏差，即直接标出其允许偏差，见表1—1—4。

表1—1—3 电容器不对称允许偏差的含义 %

字母	H	R	T	Q	S	Z	无标记
偏差范围	+100 ~ 0	+100 ~ −10	+50 ~ −10	+30 ~ −10	+50 ~ −20	+80 ~ −20	+不定 ~ −20

表1—1—4 电容器绝对允许偏差的含义 PF

字母	B	C	D	E
偏差范围	±0.1	±0.25	±0.5	±1

电容的标称容量和偏差一般标在电容体上，其标志方法常采用直标法、文字符号法、数码表示法和色码表示法。

2) 电容器的额定直流工作电压。是指在线路中能够长期可靠地工作而不被击穿时所能承受的最大直流电压（又称耐压）。它的大小与介质的种类和厚度有关，一般标注在外壳上。

另外还有漏电电阻和漏电电流。电容器的介质并不是绝对的绝缘体，或多或少总有些漏电。一般小容量的电容器的漏电电阻值为∞，而大容量的电容器的漏电电阻较小，造成漏电电流较大，易使电容器因过热而损坏。

(3) 电容器的参数表示

1) 直标法。在电容器上用数字直接标注主要参数的方法，如470 pF ±10%、160 V。

2) 文字符号法。电容器的文字符号法与电阻器的表示方法相同。如P1表示0.1 pF，1n表示1 000 pF。

3) 数码表示法。体积较小的电容器常用数字标志法，如图1—1—4所示。一般用三位整数，第一位、第二位为有效数字，

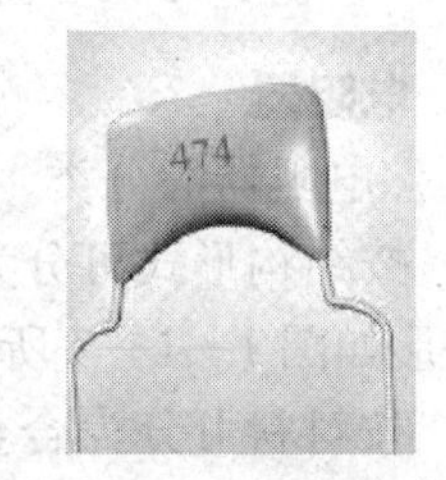

图1—1—4 数码表示法

第三位表示有效数字后面零的个数，单位为皮法（pF），但是当第三位数是9时表示10^{-1}。例如243表示容量为24 000 pF。

4）色标法。电容器的色标法原则上与电阻器类似，其单位为皮法（pF）。

（4）电容器的测试

通常用万用表的欧姆挡来判别电容器的性能、好坏、容量、极性等。要合理选用万用表的量程，5 000 pF以下的电容应选用电容表测量。

1）固定电容器的性能、好坏判别。将万用表笔接触电容器的两极，表头指针应先正方向偏摆，然后逐渐向反方向复原，即退至$R \doteq \infty$处。如不能复原，则稳定后的读数表示电容器漏电阻值，其值一般为几百到几千兆欧（阻值越大，绝缘性越好）。

如在测试过程中表头指针无偏转摆动现象，说明电容器内部已断路或失效；如指针正偏后无返回现象，且电阻值很小或为零，说明内部有漏电现象或已经短路。

对容量较小的电容器，指针偏转不大，如图1—1—5所示。此时只能检测电容器是否漏电或击穿，而不能检测是否存在开路或失效故障。

2）电容器容量的判别。用表笔接触电容器两端时，表头指针先正偏，然后逐渐复原。接着对调红、黑表笔，表头指针又偏转，偏转幅度较前次大，并又逐渐复原。电容器的容量越大，指针偏转幅度越大，复原速度越慢。这样可以粗略判别其大小，具体容量必须经过电容表测量。

3）电解电容器极性判别。根据电解电容器正接时漏电小，反接时漏电大的现象可判别其极性。用万用表测量电解电容器正、反漏电阻，两次测量中，测得电阻值大的一次，黑表笔所接触的是正极（因为黑表笔与表内电池的正极相接，数字万用表则相反），如图1—1—6所示。

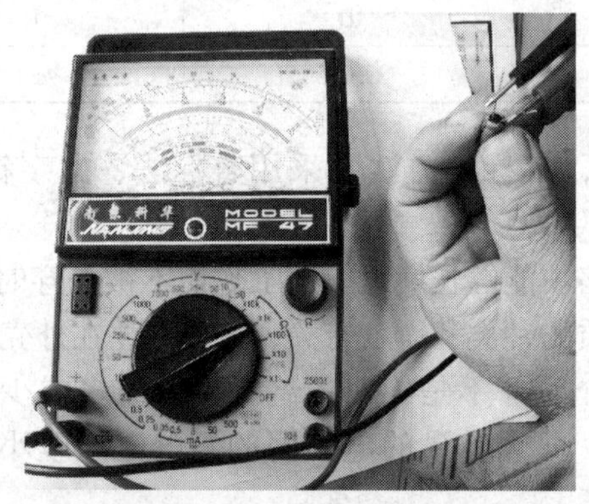

图1—1—5　固定电容器的测试

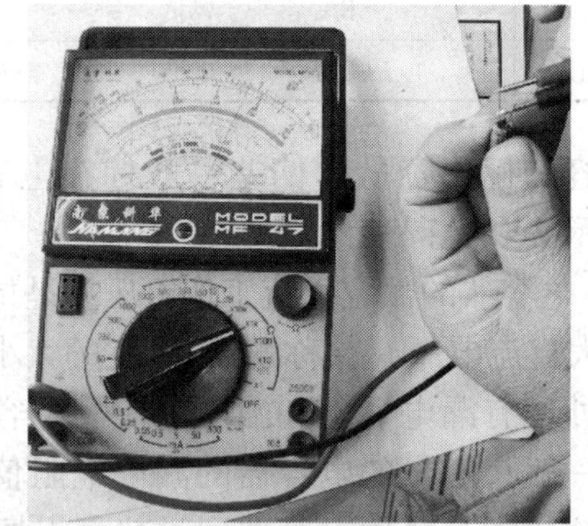

图1—1—6　电解电容器极性判别

3. 电阻器

（1）电阻器的分类

1）按结构形式可分为一般电阻器、可变电阻器（又称电位器）、片形电阻器。一般电阻器外形如图1—1—7所示。

2）按材料可分为合金型、薄膜型和合成型。另外，还有敏感电阻（也称为半导体电阻），通常有热敏、压敏、光敏、温敏、气敏、力敏等不同类型电阻。

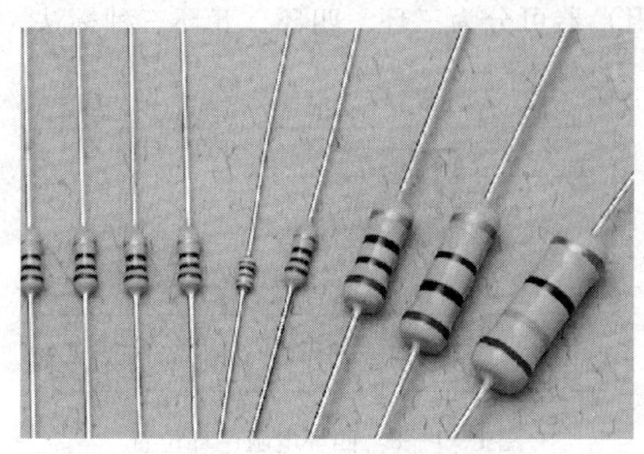

图 1—1—7　一般电阻器外形

（2）电阻器的主要技术指标

1）额定功率。电阻器在电路中长时间连续工作不损坏，或不显著改变其性能所允许消耗的最大功率，称为电阻器的额定功率。

2）阻值和偏差。电阻器的标称值和偏差都标注在电阻体上，其标志方法有直标法、文字符号法和色标法。

①直标法。直标法是用阿拉伯数字和单位符号在电阻器表面直接标出标称电阻值，其允许偏差直接用百分数表示。

②文字符号法。它是用阿拉伯数字和文字符号两者有规律的组合来表示标称阻值和允许偏差。

③色标法。小功率电阻较多使用色标法，特别是 0.5 W 以下的碳膜和金属膜电阻。色标法的基本色码及意义见表 1—1—5。

表 1—1—5　　色标法的基本色码及意义

色别	第一环	第二环	第三环	第四环	第五环
	第一位数	第二位数	第三位数	应乘倍率	精度
银	—	—	—	10^{-2}	K ±10%
金	—	—	—	10^{-1}	J ±5%
黑	0	0	0	10^{0}	—
棕	1	1	1	10^{1}	F ±1%
红	2	2	2	10^{2}	G ±2%
橙	3	3	3	10^{3}	—
黄	4	4	4	10^{4}	—
绿	5	5	5	10^{5}	D ±0.5%
蓝	6	6	6	10^{6}	C ±0.25%
紫	7	7	7	10^{7}	B ±0.1%
灰	8	8	8	10^{8}	—
白	9	9	9	10^{9}	+5%，－20%

色标电阻（色环电阻）器可分为三环、四环、五环三种标法，如图 1—1—8 所示为四环电阻色环位置。

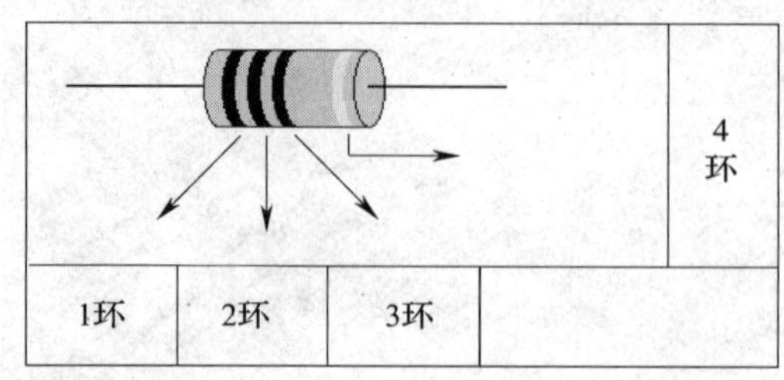

图 1—1—8　四环电阻色环位置

四环色标电阻表示标称电阻值（两位有效数字）及精度。五环色标电阻表示标称电阻值（三位有效数字）及精度。为避免混淆，第五色环的宽度是其他色环的 1.5 ~ 2 倍。

④允许偏差

a. 允许偏差及种类。电阻器在大批量生产中，实际值未能达到标称电阻，因而产生的误差叫作阻值误差。阻值误差 =（电阻实际值 - 标称阻值）/标称阻值 ×100%。

符合出厂标准的误差称为允许偏差。允许偏差分为对称偏差和不对称偏差，大部分电阻器都采用对称偏差，其规定为：

精密偏差：±0.5%；±1%；±2%。

普通偏差：±5%；±10%；±20%。

b. 允许偏差的表示方法。允许偏差有直标法、罗马法、符号法和色标法四种表示方法，见表 1—1—6。通用的电阻器允许偏差分为 3 个等级：Ⅰ级为 ±5%；Ⅱ级为 ±10%；Ⅲ级为 ±20%（即普通偏差）。

表 1—1—6　　常用的对称偏差表示方法

直标法	罗马法	符号法	色标法
±0.5%	/	D	绿
±1%	/	F	棕
±2%	/	G	红
±5%	Ⅰ	J	金
±10%	Ⅱ	K	银
±20%	Ⅲ	M	无色

（3）电阻器的测量与质量判别

1）电阻值的测量。通常可用万用表电阻挡进行测量。测量中手指不要触碰被测固定电阻器的两根引出线，避免人体电阻对测量精度的影响。测量方法如图 1—1—9 所示。

2）电阻器的质量判别。电阻器的电阻体或引线折断以及烧焦等，可以从外观上看出。内部损坏或阻值变化较大，可用万用表欧姆挡测量核对。若电阻内部或引线有缺陷，以致接触不良时，用手轻轻地摇动引线，可以发现松动现象；用万用表测量时，指针指示不稳定。

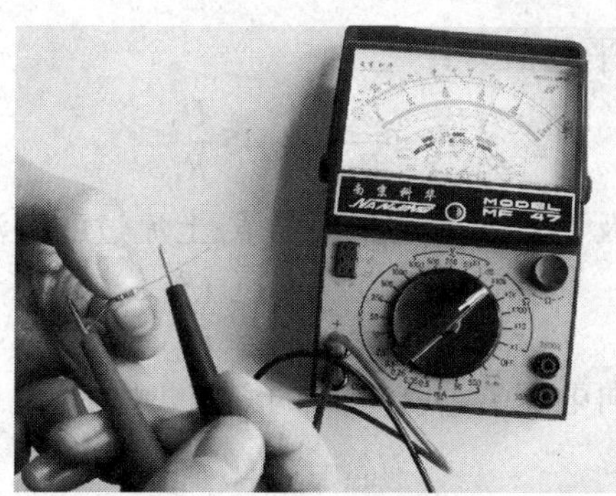

图 1—1—9　电阻器的测量

二、直流电源的认识

直流电源由电源变压器、整流电路、滤波电路组成。各部分的功能如下：

电源变压器部分：将电网电压变成所需的交流电压值。

整流电路部分：将交流电变为单一方向的脉动直流电。

滤波电路部分：将脉动直流电的交流成分过滤掉，转变为平滑的直流电。

1. 整流电路

将交流电变为直流电的过程称为整流。承担整流任务的电路称为整流电路。进行整流的设备称为整流器。整流电路按波形分为半波整流和全波整流；按相数分为单相整流和三相整流等。单相整流电路又分为单相半波整流、单相全波整流和单相桥式整流。

（1）单相半波整流

单相半波整流电路如图 1—1—10 所示。单相半波整流电路中，输出脉动直流电压的平均值为：

$$U_L = 0.45U_2$$

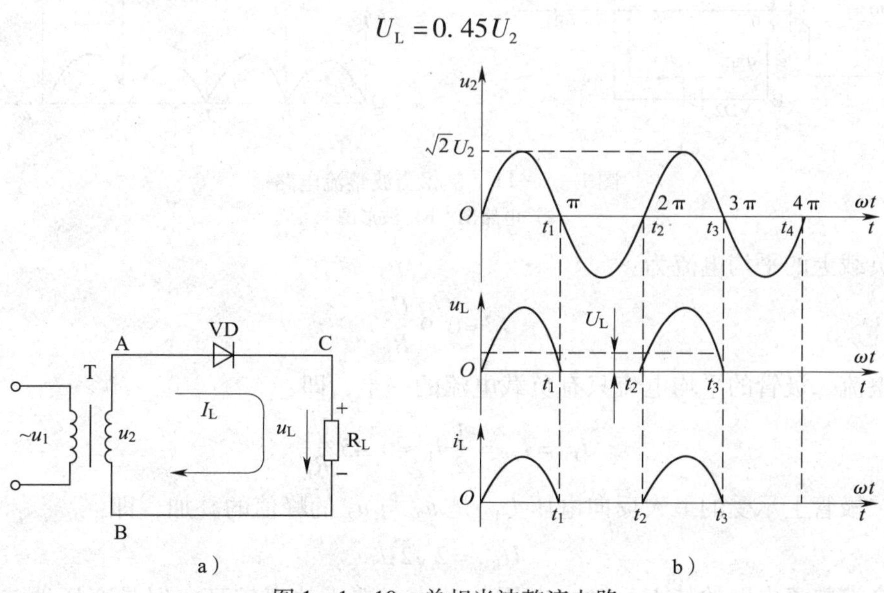

图 1—1—10　单相半波整流电路

a）电路图　b）波形图

流过负载 R_L 的直流电流平均值为：

$$I_L = \frac{U_L}{R_L} \approx 0.45\,\frac{U_2}{R_L}$$

二极管导通后，流过二极管的平均电流 I_F 与 R_L 上流过的电流平均值相等，即：

$$I_F = I_L \approx 0.45\,\frac{U^2}{R_L}$$

二极管上承受的最大反向电压 U_{RM} 就是 u_2 的峰值，即：

$$U_{RM} = \sqrt{2}U_2$$

单相半波整流电路的特点：电路简单，使用的器件少，但是输出电压脉动大，效率较低。

（2）单相全波整流

单相全波整流电路如图 1—1—11 所示。全波整流电路负载上得到的直流平均电压比单相半波整流提高了 1 倍，全波脉动电压平均值为：

$$U_L \approx 2 \times 0.45U_2 = 0.9U_2$$

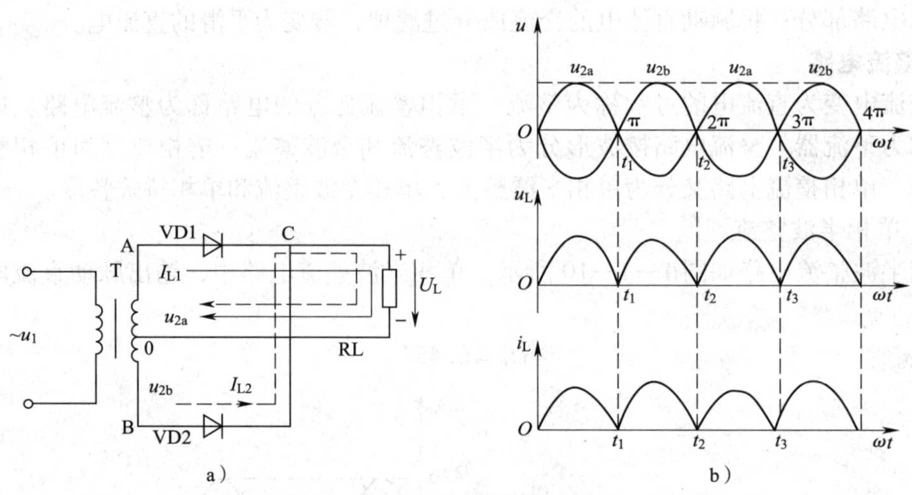

图 1—1—11　单相全波整流电路

a）电路图　b）波形图

流过负载上的平均电流为：

$$I_L \approx 0.9\,\frac{U_2}{R_L}$$

流过整流二极管的平均电流只有负载电流的一半，即：

$$I_{F1} = I_{F2} = \frac{1}{2}I_L \approx 0.45\,\frac{U_2}{R_L}$$

每只二极管上承受的最大反向电压 U_{RM} 是 u_{2a} 与 u_{2b} 的峰值的叠加，即：

$$U_{RM} = 2\sqrt{2}U_2$$

单相全波整流电路的特点：输出电压脉动小，整流效率较高，但是变压器二次侧需要中心抽头，二极管承受反向电压高，需选择耐压等级高的二极管。

（3）单相桥式整流

单相桥式整流电路如图 1—1—12 所示。交流电在一个周期内的两个半波都有同方向的电流流过负载，其波形如图 1—1—13 所示。则输出电压的平均值为：

$$U_L = 0.9U_2$$

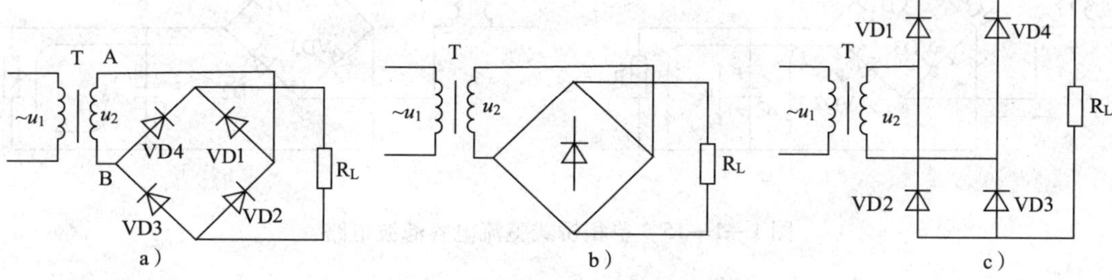

图 1—1—12　单相桥式整流电路

a）电路画法一　b）电路画法二　c）电路画法三

流过负载的平均电流为：

$$I_L = \frac{U_L}{R_L} \approx 0.9\frac{U_2}{R_L}$$

流过每只二极管的平均电流只有负载电流的一半，即：

$$I_{F1} = I_{F2} = \frac{1}{2}I_L \approx 0.45\frac{U_2}{R_L}$$

在单相桥式整流电路中，每只二极管承受的最大反向电压也是 u_2 的峰值，即：

$$U_{RM} = \sqrt{2}U_2$$

单相桥式整流电路的特点：输出电压脉动小，每只整流二极管承受的最大反向电压和半波整流一样。由于每半个周期内变压器二次绕组都有电流流过，变压器利用率高。

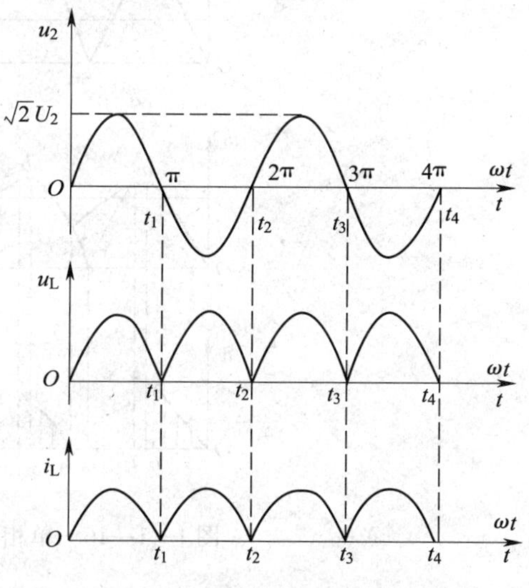

图 1—1—13　单相桥式整流电路波形图

2. 滤波电路

把脉动的直流电变为平滑直流电的过程称为滤波。承担滤波任务的电路称为滤波电路。滤波时，尽可能滤除脉动电压的交流成分，保留脉动电压的直流成分。滤波电路直接接在整流电路的后面，通常用电容器、电感器和电阻器按照一定的方式组合而成，常用的滤波电路有电容滤波、电感滤波和复式滤波。滤波电路的几种形式如图 1—1—14 所示。

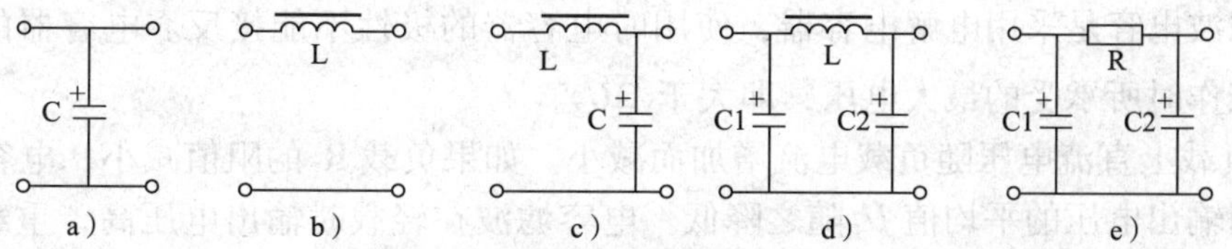

图 1—1—14　滤波电路的几种形式

a）电容滤波器　b）电感滤波器　c）LC 滤波器　d）LCπ 滤波器　e）RCπ 滤波器

下面以电容滤波器为例进行分析：

如图 1—1—15 所示为单相桥式整流电容滤波电路图，其波形如图 1—1—16 所示。

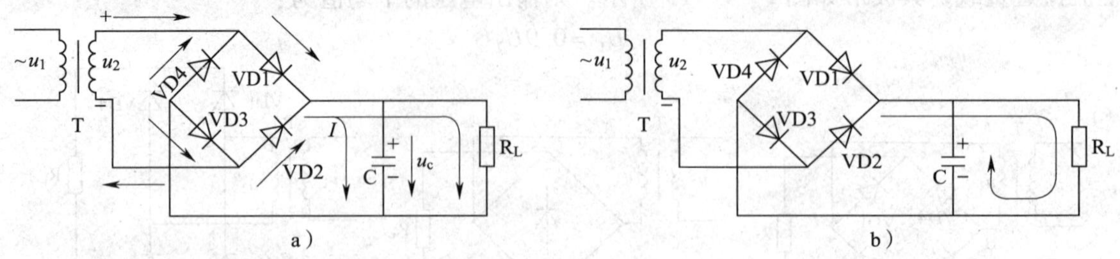

图 1—1—15　单相桥式整流电容滤波电路

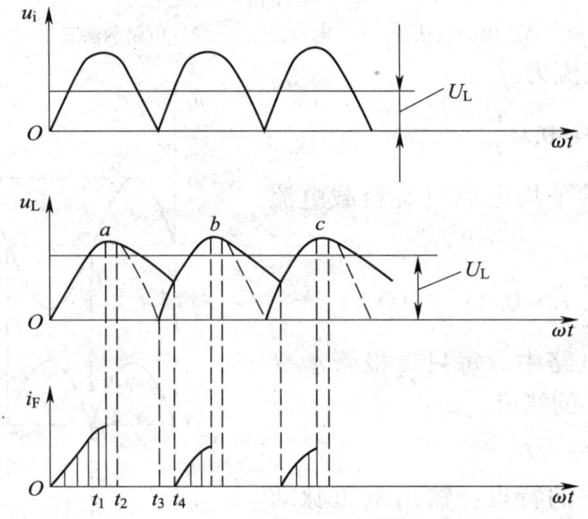

图 1—1—16　单相桥式整流电容滤波电路波形图

电容滤波的特点：电源电压在一个周期内，电容器 C 充放电各两次，经电容器滤波后，输出电压比较平滑，交流成分大大减少，而且使输出电压的平均值得以提高。

接上电容器滤波后，将对电路产生一定的影响。电容滤波对整流电路的影响如下：

（1）接入滤波电容后二极管的导通时间变短，对二极管的冲击很大。

（2）负载平均电压升高，交流成分（纹波）减小。这是由于二极管截止时电容器的放电作用产生的，放电速度越慢，负载电压中交流成分越小，负载平均电压越高。

一般滤波电容是采用电解电容器，使用时电容器的极性不能接反。电容器的耐压应大于它实际工作时所承受的最大电压，即大于$\sqrt{2}U_2$。

（3）负载上直流电压随负载电流增加而减小。如果负载 R_L 的阻值减小，电容器 C 放电就加快，则输出电压的平均值 U_L 随之降低。电容滤波在轻载时输出电压高，重载时输出电压低。

3. 直流电源电路原理分析

（1）在图1—0—1中，当开关S1断开、S2合上时，电路为单相桥式整流电路。当变压器二次侧交流电压u_2为正半周时，二次绕组的上部为正极，下部为负极，VD2管、VD3管导通，VD1管、VD4管截止，电流的流通路径为从A点出发，经过VD2管和负载R_L，再经过VD3管回到B点，若忽略二极管的正向压降，可以认为R_L上的电压u_o与u_2几乎相等，即$u_o = u_2$；当u_2为负半周时，下部为正极，上部为负极，VD1管、VD4管导通，VD2管、VD3管截止，电流的流通路径为从B点出发，经过VD4管和负载R_L，再经过VD1管回到A点，若忽略二极管的正向压降，可以认为$u_o = -u_2$。由此可见，在u_2的正负半周，都有同一方向的电流通过R_L，四只二极管中两只为一组，两组轮流导通，在负载上即可得到全波脉动的直流电压和电流，所以这种整流电路属于全波整流类型。单相桥式整流电路的电压输出波形如图1—1—17所示。

单相桥式整流电路在负载R_L上得到的波形是全波脉动直流电，其中负载R_L上的全波脉动直流电压平均值$U_o = 0.9U_2$（式中U_2为变压器次级电压有效值）。

而流过负载的电流平均值$I_L = \dfrac{U_o}{R_L}$。

（2）当开关S1和S2都合上，接电容C时，电路为单相桥式整流电容滤波电路。交流电压经过整流二极管VD1～VD4整流后，再利用电容C进行滤波，其输出电压波形如图1—1—18所示。

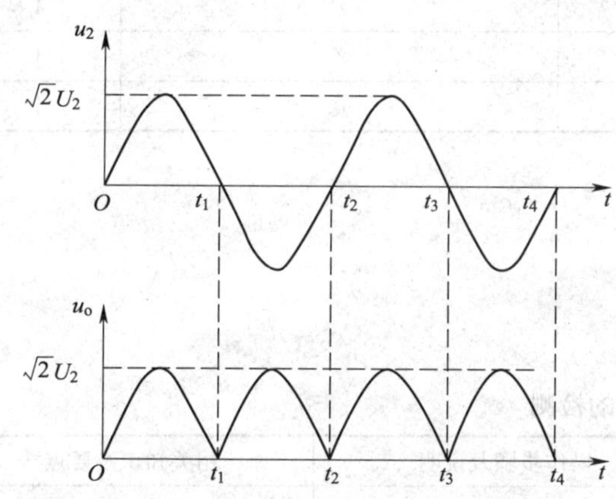

图1—1—17　单相桥式整流电路波形图

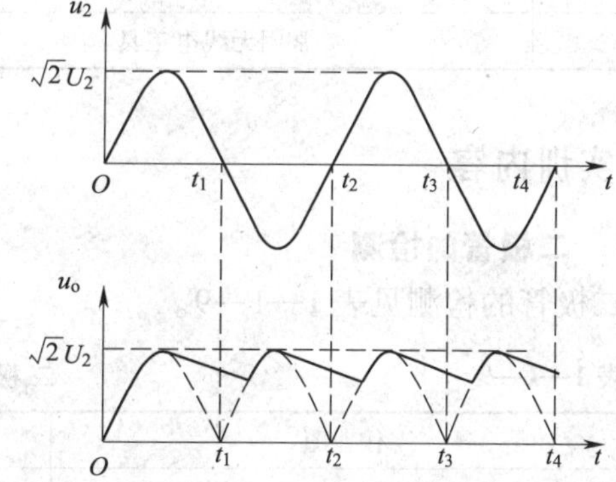

图1—1—18　单相桥式整流滤波电路波形图

单相桥式整流电路经过电容滤波后，有关电压和电流的估算可以参考表1—1—7。

表1—1—7　单相桥式整流电容滤波电路电压和电流的估算

整流电路形式	输入交流电压（有效值）	整流电路输出电压		整流器件上电压和电流	
		负载开路时的电压	带负载时的电压（估计值）	最大反向电压U_{RM}	电流I_F
桥式整流	U_2	$\sqrt{2}U_2$	$1.2U_2$	$\sqrt{2}U_2$	$\frac{1}{2}I_L$

任务实施

电子元件的检测

一、实训目的

1. 能检测判断二极管的好坏和极性。
2. 能进行电容器的质量检测判别。
3. 能检测电阻阻值及质量。

二、主要实训器材的认识

工具及材料清单见表1—1—8。

表1—1—8　　工具及材料清单

序号	名称	型号与规格	数量
1	整流二极管 VD	IN4004	若干
2	电解电容器 C	470 μF/50 V	若干
3	电阻器 R_L	10 kΩ/0. 25 W	若干
4	万用表	/	1
5	兆欧表	/	1
6	常用无线电工具	套	1

三、实训内容

1. 二极管的检测

二极管的检测见表1—1—9。

表1—1—9　　二极管的检测

项目	作业图	操作步骤及说明	相关知识及要点
二极管的检测	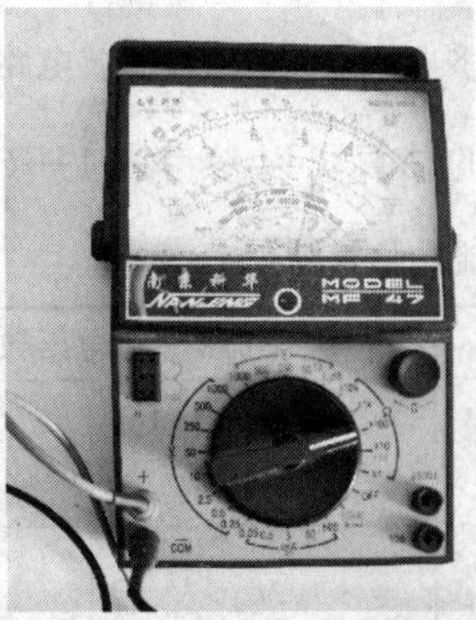	用万用表的 $R\times100$ 或 $R\times1$ k 挡判别二极管的极性，要注意调零	直观识别二极管的极性：二极管的正负极都标在外壳上，其标注形式有的是电路符号，有的用色点或标志环来表示，有的借助二极管的外形特征来识别

续表

项目	作业图	操作步骤及说明	相关知识及要点
二极管的检测	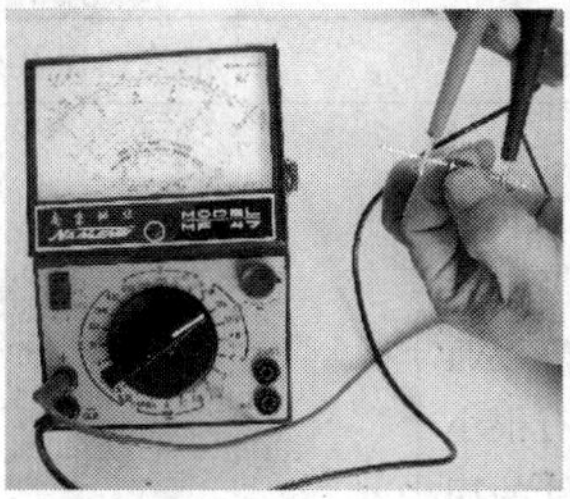	用红黑表笔同时接触二极管的两根引线，然后对调表笔重新测量	检测小功率二极管的正反向电阻，不宜使用 $R\times1$ 或 $R\times10$ k 挡，前者流过二极管的正向电流较大，可能烧坏管子；后者加在二极管两端的反向电压太高，易将管子击穿
	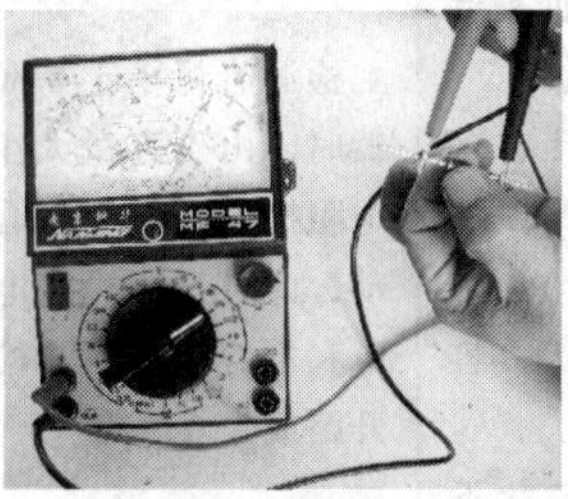	在所测阻值小的那次测量中，黑表笔所接的是二极管的正极，红表笔所接的是二极管的负极	
	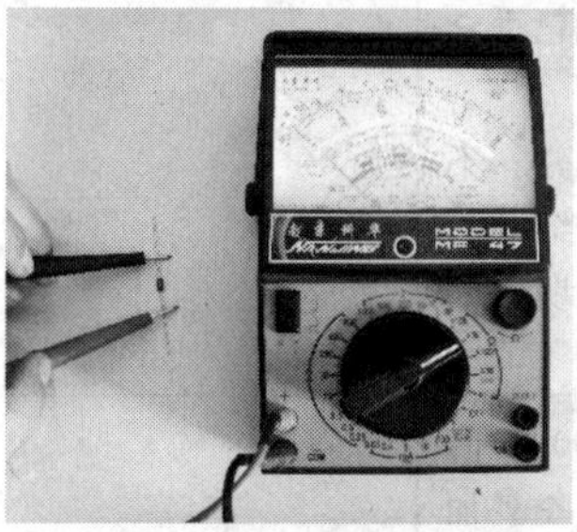	晶体二极管正、反向电阻相差越大越好。两者相差越大，就表明二极管的单向导电特性越好；如果二极管的正、反向电阻值很相近，表明管子已坏。若正、反向电阻都很大，则说明管子内部已断路，不能使用	二极管的主要故障有断路、击穿、单向导电性变差（正向电阻变大或反向电阻变小）及性能变差等。通常二极管的正反向电阻相差越悬殊，说明它的单向导电性越好
	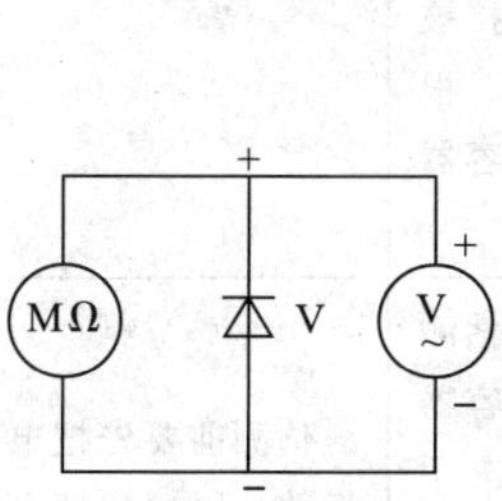 MΩ　V　V~	用兆欧表检测二极管的反向击穿电压。将兆欧表的 E 端（带正电）接被测整流二极管负极，L 端接整流二极管的正极。按 120 r/min 额定转速摇动兆欧表，使整流二极管进入反向击穿状态，利用万用表 DCV 挡可直接读出 U_{BR} 值	由于兆欧表内阻很高，输出仅有 1 mA 左右，故被测电阻呈现软击穿状态，不会造成硬击穿

2. 电容器测量与质量判别

电容器的测量与质量判别见表 1—1—10。

表 1—1—10　　电容器测量与质量判别

项目	作业图	操作步骤及说明	相关知识及要点
固定电容器的检测	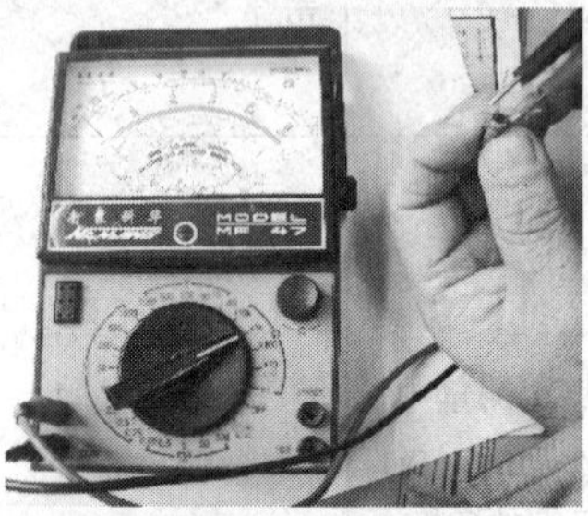 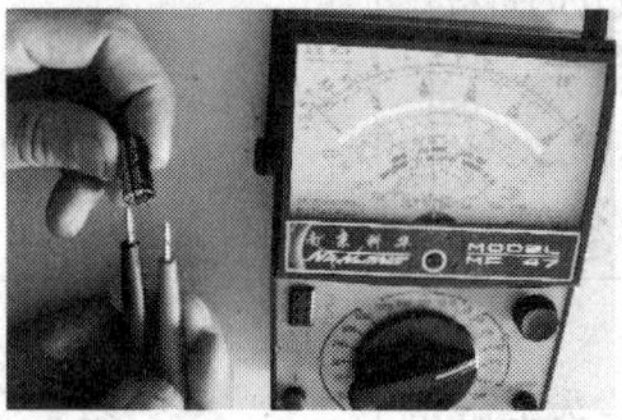	检测容量为 6 800 pF ~ 1 μF 的电容器时，选择 $R\times10$ k 挡，红、黑表笔分别接电容器的两根引脚，在表笔接通的瞬间应能看到表针有很小的摆动，若未看清表针的摆动，可将红、黑表笔互换一次再测，此时，表针的摆动幅度应略大一些，根据表针摆动情况判断电容器质量 （1）接通瞬间表针有摆动，然后返回（“∞”Ω 挡测量，“0” V 挡测量），表明电容良好，摆幅越大，容量越大 （2）接通瞬间，表针不摆动，表明失效或断路 （3）表针摆幅很大，且停在那里不动，表明已击穿（短路）或严重漏电 （4）表针摆动正常，不能返回（“∞”Ω 挡测量，“0” V 挡测量），表明有漏电现象	检测容量小于 6 800 pF 的电容器时，由于容量太小，用万用表电阻挡检测时无法看到表针的摆动，此时只能检测电容器是否漏电和击穿，而不能检测是否存在开路或失效故障
	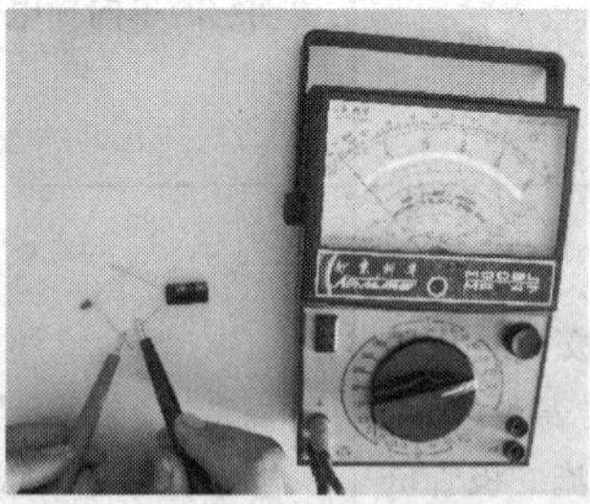	检测容量小于 6 800 pF 的电容器时，可借助一个外加直流电压，把万用表调到相应直流电压挡，黑表笔接直流电源负极，红表笔串接被测电容器后接电源正极，根据指针摆动情况判别电容器质量	
电解电容器的检测		选择欧姆挡来识别或估测（已失去标志）电解电容器的容量，低于 10 μF 选用 $R\times10$k 挡；10 ~ 100 μF 选用 $R\times1$k 挡；大于 100 μF 选用 $R\times100$ 挡	估测前要先把电容器的两引脚短路，以便放掉电容器内残余电荷

续表

<table>
<tr><th>项目</th><th>作业图</th><th>操作步骤及说明</th><th>相关知识及要点</th></tr>
<tr><td rowspan="3">电解电容器的检测</td><td> 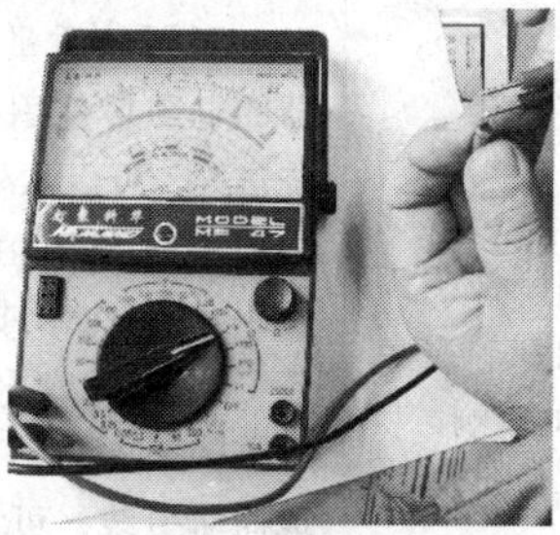</td><td>把万用表的黑表笔接电解电容器的正极，红表笔接负极，检测其正向电阻，表针先向右做大幅摆动，然后再慢慢回到∞的位置</td><td></td></tr>
<tr><td> </td><td>再次将电容器两引脚短路后，再将黑表笔接电解电容器的负极，红表笔接正极，检测反向电阻，表针先向右摆动，再慢慢返回，但一般不能回到无穷大的位置。检测过程如与上述不符，则说明电容器已损坏</td><td></td></tr>
<tr><td><table>
<tr><th>电阻挡
指针
摆幅</th><th>$R\times100$</th><th>$R\times1$ k</th></tr>
<tr><td>≤10</td><td>略有摆动</td><td>2/10 以下</td></tr>
<tr><td>20 ~ 25</td><td>1/10 以下</td><td>3/10 以下</td></tr>
<tr><td>30 ~ 50</td><td>2/10 以下</td><td>6/10 以下</td></tr>
<tr><td>≥100</td><td>3/10 以下</td><td>7/10 以下</td></tr>
</table></td><td>常用的电解电容器的指针摆幅</td><td>上述检测方法还可以用来鉴别电容器的正负极。对失去正负极标志的电解电容器，可先用万用表两表笔进行一次检测，同时观察并记住表针向右摆动的幅度；然后两表笔对调再进行检测。两次检测中表针最后停留的摆幅较小的一次，万用表黑表笔接触的引脚为正极，另一脚为负极</td></tr>
</table>

3. 电阻器的测量与质量判别

电阻器的测量与质量判别见表 1—1—11。

表 1—1—11　　电阻器的测量与质量判别

项目	作业图	操作步骤及说明	相关知识及要点
电阻器的检测		使用万用表电阻挡测量前要先选好量程，然后欧姆调零后进行测量	对于常用的碳膜、金属膜、线绕电阻器以及片状电阻器，一般是先将其外观进行检查，然后用万用表检查

续表

项目	作业图	操作步骤及说明	相关知识及要点
电阻器的检测		测量中手指不要触碰被测固定电阻器的两根引出线，避免人体电阻对测量精度的影响	电阻器的质量判别：电阻器的电阻体或引线折断以及烧焦等，可以从外观上看出。内部损坏或阻值变化较大，可用万用表欧姆挡测量核对。若电阻内部或引线有缺陷，以致接触不良时，用手轻轻地摇动引线，可以发现松动现象；用万用表测量时，指针指示不稳定
		检测方法要正确	

学习活动2　手工焊接的操作方法

学习目标

1. 能正确使用焊接工具，完成电子元器件的焊接训练。
2. 能判断焊点质量，正确找出问题原因并纠正。

知识准备

一、电子焊接基本操作

1. 焊接工具的使用

(1) 电烙铁的种类和构造

常用的电烙铁有外热式、内热式、恒温式和吸锡式四种，都是利用电流的热效应进行焊接工作的。

1) 外热式电烙铁。外热式电烙铁的结构如图1—2—1所示，它是由烙铁头、烙铁芯、外壳、木柄、电源引线、插头等部分组成。烙铁头安装在烙铁芯里面，所以称为外热式电烙铁。

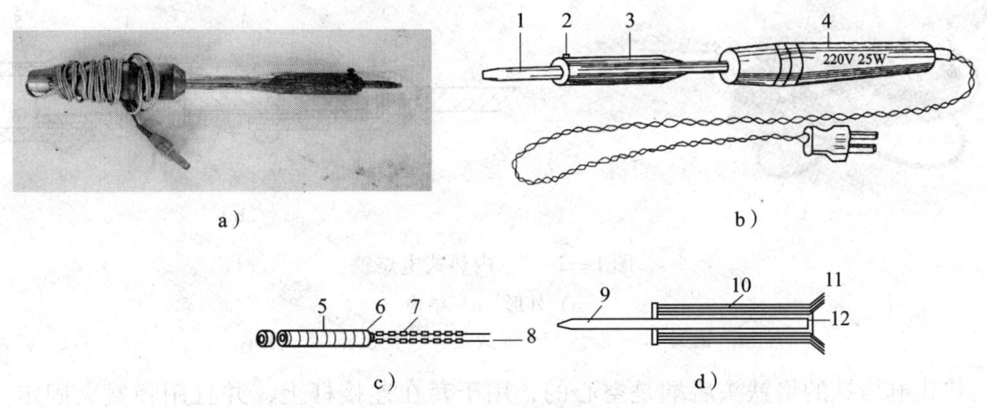

图 1—2—1　外热式电烙铁及烙铁芯的结构

a）电烙铁外形　b）电烙铁结构　c）烙铁铁芯　d）电烙铁芯结构

1、9—烙铁头　2—烙铁头固定螺钉　3—外壳　4—木柄　5—铁丝

6、11—云母片　7—瓷管　8—引线　10—电热丝　12—烙铁芯骨架

烙铁芯是电烙铁的关键部件，它是将电热丝平行地绕制在一根空心瓷管上，中间用云母片绝缘，并引出两根导线与 220 V 交流电源连接。

常用的外热式电烙铁规格有 25 W、45 W、75 W 和 100 W 等。

烙铁芯的阻值不同，其功率也不相同。25 W 的阻值为 2 kΩ。因此，可以用万用表欧姆挡初步判别电烙铁的好坏及功率的大小。

烙铁头是用紫铜制成的，作用是储存热量和传导热量。烙铁的温度与烙铁头的体积、形状、长短等都有一定的关系。

当烙铁头的体积比较大时，保持温度的时间就长些。另外，为适应不同焊接物的要求，烙铁头的形状有所不同，常见的有锥形、凿形、圆斜面形等，具体的形状如图 1—2—2 所示。

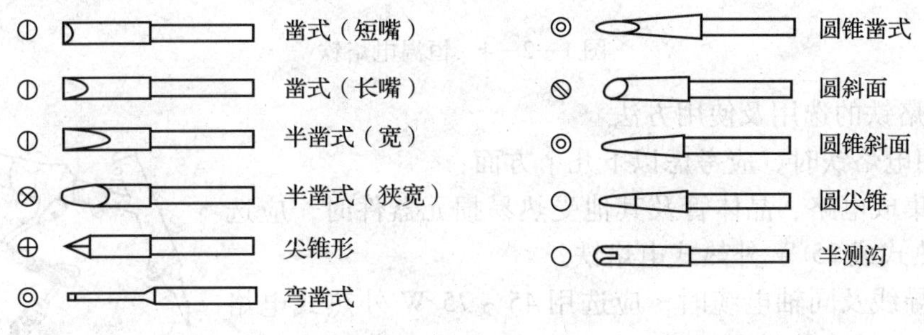

图 1—2—2　烙铁头的形状

2）内热式电烙铁。内热式电烙铁具有升温快、质量小、耗电省、体积小、热效率高的特点，应用非常普遍。内热式电烙铁的外形与结构如图 1—2—3 所示。

内热式电烙铁是由手柄、连接杆、弹簧夹、烙铁芯、烙铁头组成。由于烙铁芯安装在烙铁头里面，因而发热快，热利用率高，故称为内热式电烙铁。

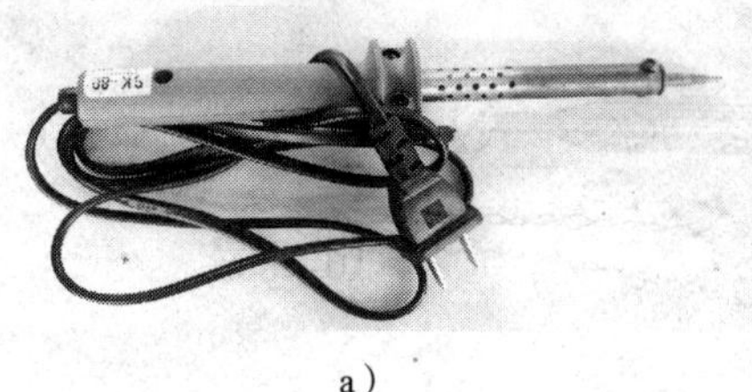

a）

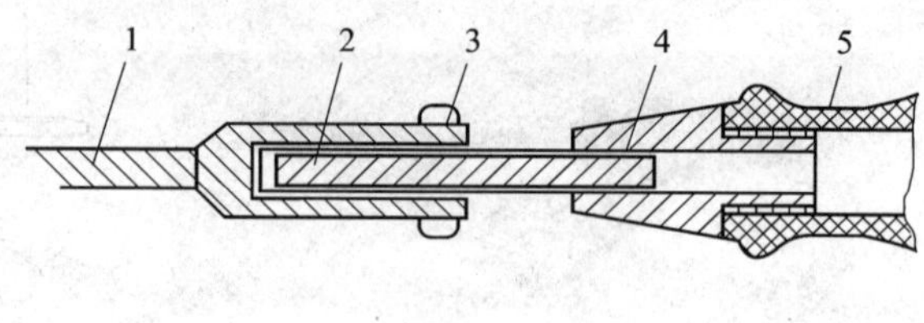

b）

图 1—2—3　内热式电烙铁

a）外形　b）结构

1—铜头　2—芯子　3—弹簧夹　4—连接杆　5—手柄

内热式电烙铁的烙铁头后端是空心的，用于套在连接杆上，并且用弹簧夹固定。当需要更换烙铁头时，必须先将弹簧夹退出，同时用钳子夹住烙铁头的前端，慢慢地拔出，切记不能用力过猛，以免损坏连接杆。

内热式电烙铁的烙铁芯是用比较细的镍铬电阻丝绕在瓷管上制成的，其电阻约为 2.5 kΩ（20 W），烙铁的温度一般可达 350℃左右。

内热式电烙铁的常用规格有 20 W、25 W、50 W 等。由于它的热效率高，20 W 内热式电烙铁就相当于 40 W 左右的外热式电烙铁。

另外还有吸锡电烙铁和恒温电烙铁。吸锡电烙铁是将活塞式吸锡器与电烙铁融为一体的拆焊工具，它具有使用方便、灵活、适用范围宽等特点，但不足之处是每次只能对一个焊点进行拆焊；恒温电烙铁是在电烙铁头内装有带磁铁式的温度控制器，通过控制通电时间而实现温控。恒温电烙铁和吸锡电烙铁分别如图 1—2—4 和图 1—2—5 所示。

图 1—2—4　恒温电烙铁

（2）电烙铁的选用及使用方法

1）选用电烙铁时，应考虑以下几个方面：

①焊接集成电路、晶体管及其他受热易损元器件时，应选用 20 W 内热式或 25 W 外热式电烙铁。

②焊接导线及同轴电缆时，应选用 45 ~ 75 W 外热式电烙铁或 50 W 内热式电烙铁。

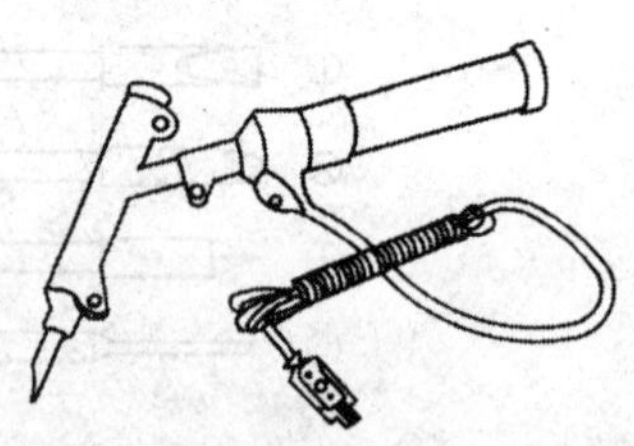

图 1—2—5　吸锡电烙铁

③焊接圈套的元器件时，如大电解电容器的引线脚、金属底盘、接地焊片等，应选用 100 W 以上的电烙铁。

2）电烙铁的使用方法与注意事项

①电烙铁的握法。电烙铁的握法有三种，如图 1—2—6 所示。

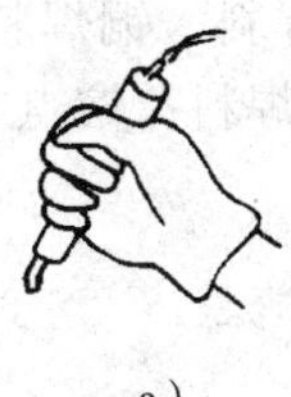
a）

b）

c）

图 1—2—6 电烙铁的握法

a）反握法 b）正握法 c）握笔法

反握法就是用五个手指把电烙铁的手柄握在掌内。此法适用于大功率电烙铁，焊接散热量较大的被焊件。正握法使用的电烙铁功率也比较大，且多为弯形烙铁头。握笔法适用于小功率的电烙铁。

②使用前应进行检查。用万用表检查电源线有无短路、断路；电烙铁是否漏电；电源线的装接是否牢固；螺钉是否松动；在手柄上的电源线是否被顶紧；电源线套管有无破损。

③新烙铁在使用前必须进行处理。首先将烙铁头锉成具体的形状，然后接上电源，当烙铁头温度升至能够熔化锡时，将松香涂在烙铁头上，再涂上一层锡焊，直至烙铁头的刃面部挂上一层锡，便可使用。

④电烙铁不使用时，不要长期通电，以防损坏电烙铁。

⑤电烙铁在焊接时，最好使用松香助焊剂，以保护烙铁头不被腐蚀。电烙铁应放在烙铁架上，轻拿轻放，不要将烙铁上的焊锡乱甩。

⑥更换熔芯时要注意引线不要接错，以防发生触电事故。

2. 其他常用工具

（1）尖嘴钳

尖嘴钳的头部较细，适用于夹小型金属零件或弯曲元器件引线，不宜用于敲打物体或夹持螺母。

（2）平嘴钳

小平嘴钳的钳口平直，可用于夹弯元器件管脚与导线。因钳口无纹路，所以对导线拉直、整形比尖嘴钳适用。但因钳口较薄，不宜夹持螺母或需施力较大部位。

（3）斜口钳

斜口钳用于剪焊后的线头，也可与尖嘴钳合用，剥导线的绝缘皮。

（4）镊子

镊子分尖嘴镊子和圆嘴镊子两种。尖嘴镊子用于夹持较细的导线，以便于装配焊接。圆嘴镊子用于弯曲元器件引线和夹持元器件焊接等，并有利于散热。另外，剥线钳、平头钳、钢直尺、钢卷尺、扳手、小刀、旋具、锥子、针头等也是经常用到的工具，如图1—2—7 所示。

3. 焊料与助焊剂

（1）焊料

焊料是指在钎焊中起连接作用的金属材料，它的熔点比被焊物的熔点低，而且易于与被焊物连为一体。焊料按组成成分划分，有锡铅焊料、银焊料、铜焊料；按使用的环境温度分，有高温焊料和低温焊料。熔点在450℃以上的称为硬焊料；熔点在450℃以下的称为软焊料。

图1—2—7　其他焊接用工具

在电子产品装配中，一般都选用锡铅系列焊料，也称焊锡。其形状有圆片、带状、球状、焊丝等。常用的是焊锡丝，在其内部夹有固体助焊剂松香。焊锡丝的直径有4 mm、3 mm、2 mm、1.5 mm等规格，如图1—2—8所示。

图1—2—8　焊丝和助焊剂

焊锡在180℃时便可熔化，使用25 W外热式或20 W内热式电烙铁便可以进行焊接。它具有一定的机械强度，导电性能、抗腐蚀性能良好，对元器件引线和其他导线的附着力强，不易脱落。因此，在焊接技术中得到了极其广泛的应用。

（2）助焊剂

在进行焊接时，为能使被焊物与焊料焊接牢靠，就必须去除焊件表面的氧化物和杂质。去除杂质通常用机械方法和化学方法，机械方法是用砂纸和刀子将氧化层去掉；化学方法则是借助焊剂清除。助焊剂同时也能防止焊件在加热过程中被氧化以及把热量从烙铁头快速地传递到被焊物上，使预热的速度加快。

松香酒精助焊剂是用无水乙醇溶解纯松香配制成 25% ~30% 的乙醇溶液，其优点是没有腐蚀性，具有高绝缘性能和长期的稳定性及耐湿性。焊接后清洗容易，并形成覆盖焊点膜层，使焊点不被氧化腐蚀。因此，电子线路中的焊接通常都采用松香、松香酒精助焊剂，如图 1—2—8 所示。

二、手工焊接操作技能

1. 焊接工艺

(1) 对焊接的要求

焊接的质量直接影响整机产品的可靠性与质量。因此，在锡焊时，必须做到以下几点：

1) 焊点的强度要满足需要。为了保证足够的机械强度，一般采用把被焊元器件的引线端子打弯后再焊接的方法，但不能用过多的焊料堆积，以防止造成虚焊或焊点之间短路。

2) 焊接可靠，保证导电性能良好。为保证有良好的导电性能，必须防止虚焊。

3) 焊点表面要光滑、清洁。为使焊点美观、光滑、整齐，不但要有熟练的焊接技能，而且要选择合适的焊料和助焊剂，否则将出现表面粗糙、拉尖、棱角现象。另外，烙铁的温度也要保持适当。

(2) 焊接前的准备

1) 元器件引线加工成形。元器件在印制板上的排列和安装方式有两种：一种是立式，另一种是卧式。引线的跨距应根据尺寸优选 2.5 的倍数。加工时，注意不要将引线齐根弯折，并用工具保护引线的根部，以免损坏元器件。几种成形图例如图 1—2—9 所示。

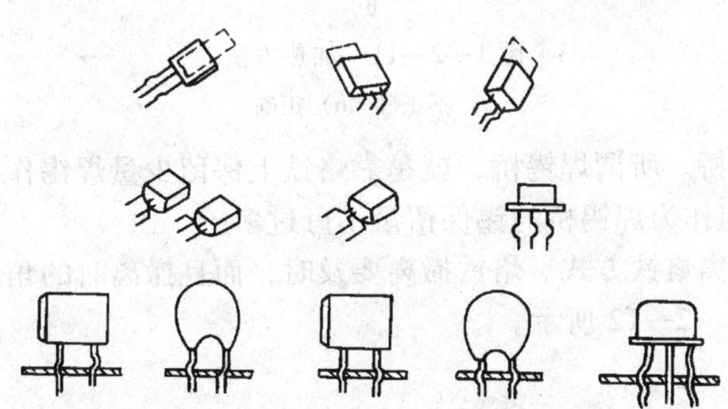

图 1—2—9　元器件成形图例

2) 搪锡（镀锡）。时间一长，元器件引线表面会产生一层氧化膜，影响焊接。所以，除少数有银、金镀层的引线外，大部分元器件引脚在焊接前必须先搪锡。

(3) 焊接

焊接具体操作的五步法如图 1—2—10 所示。对于小热容量焊件而言，整个焊接过程不超过 2 ~4 s。

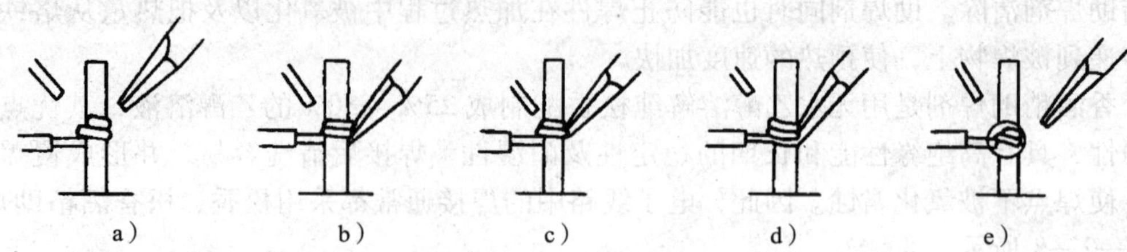

图 1—2—10　焊接五步操作法

a）准备　b）加热　c）送锡　d）撤锡　e）撤电烙铁

（4）焊接操作手法

1）采用正确的加热方法。根据焊件形状选用不同的烙铁头，尽量要让烙铁头与焊件形成面接触而不是点接触或线接触，这样能大大提高效率。不要用烙铁头对焊件加力，这样会加速烙铁头的损耗和造成元件损坏。加热方法如图 1—2—11 所示。

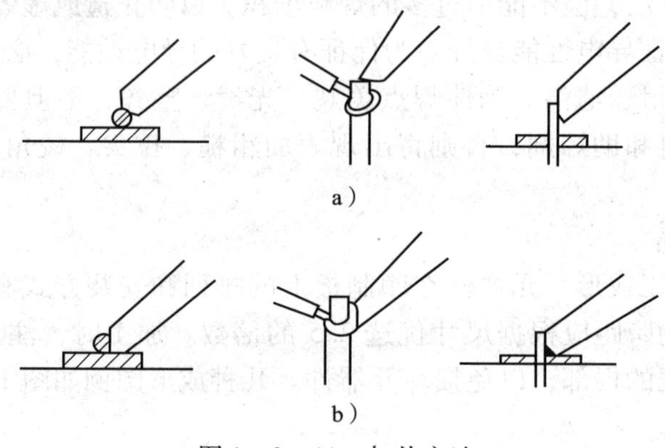

图 1—2—11　加热方法

a）不正确　b）正确

2）加热要靠焊锡桥。所谓焊锡桥，就是靠烙铁上保留少量焊锡作为加热时烙铁头与焊件之间传热的桥梁，但作为焊锡桥的锡保留量不可过多。

3）采用正确的撤离烙铁方式。烙铁撤离要及时，而且撤离时的角度和方向对焊点的成形有一定影响，如图 1—2—12 所示。

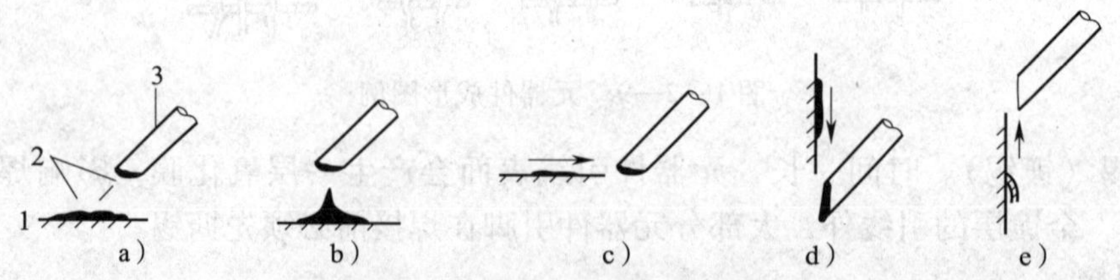

图 1—2—12　烙铁撤离方向和锡焊瘤

a）烙铁轴向 45°撤离　b）向上撤离拉尖　c）水平方向撤离

d）垂直向下撤离，烙铁头吸除焊锡　e）垂直向上撤离，烙铁头上不挂锡

1—工件　2—焊锡　3—烙铁头

4）焊锡量要合适。焊锡量过多容易造成焊点上焊锡堆积并容易造成短路，且浪费材料；焊锡量过少，容易焊接不牢，使焊件脱落。合适的焊锡量如图 1—2—13 所示。

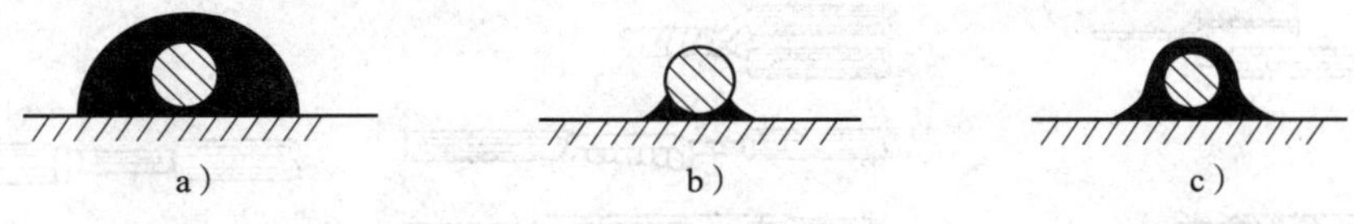

图 1—2—13　焊锡量的掌握

另外，在焊锡凝固之前不要使焊件移动或振动，不要使用过量的焊剂和用已热的烙铁头作为焊料的运载工具。

2. 导线焊接技术

导线与接线端子、导线与导线之间的焊接有三种基本形式：绕焊、钩焊和搭焊。

（1）导线与接线端子的焊接

1）绕焊。把经过镀锡的导线端头在接线端子上缠一圈，用钳子拉紧缠牢后进行焊接，如图 1—2—14b 所示。这种焊接可靠性最好。

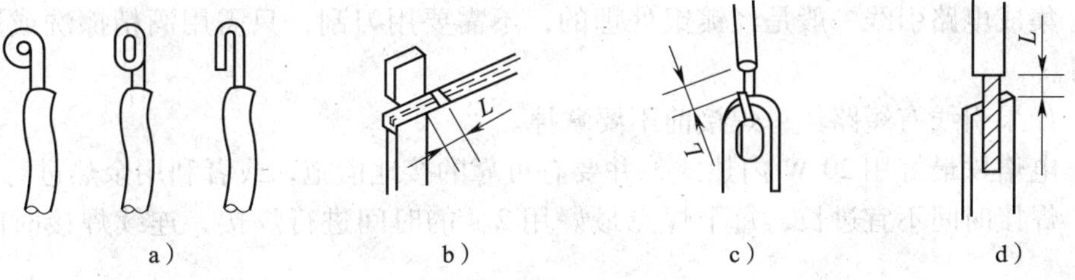

图 1—2—14　导线与接线端子的焊接（$L = 1 \sim 3$ mm）

a）导线弯曲形状　b）绕焊　c）钩焊　d）搭焊

2）钩焊。将导线端子弯成钩形，钩在接线端子上并用钳子夹紧后焊接，如图 1—2—14c 所示。这种焊接操作简便，但强度低于绕焊。

3）搭焊。把镀锡的导线端搭到接线端子上施焊，如图 1—2—14d 所示。此种焊接最简便，但强度可靠性最差，仅用于临时连接等。

（2）导线与导线的焊接

导线之间的焊接以绕焊为主，操作步骤如下：

1）去掉一定长度的绝缘外层。

2）端头上锡，并套上合适的绝缘套管。

3）绞合导线，施焊。

4）趁热套上套管，冷却后套管固定在接头处。

此外，对调试或维修中的临时线，也可采用搭焊的办法。导线与导线的焊接如图 1—2—15 所示。

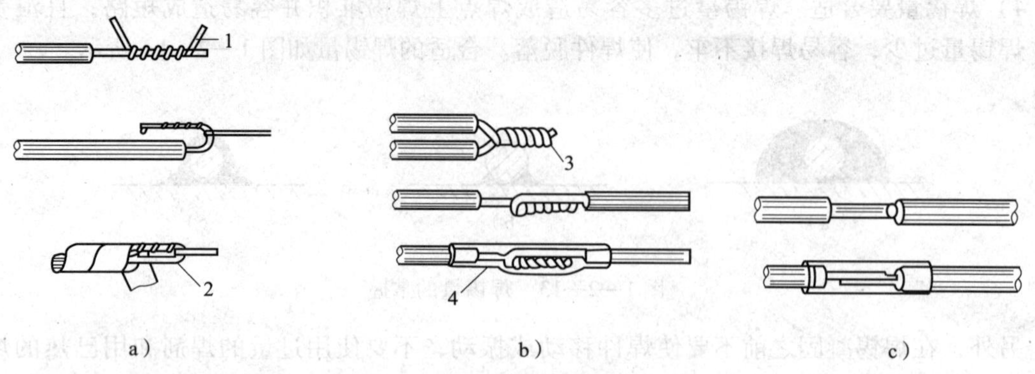

图 1—2—15　导线与导线的焊接

a）细导线绕到粗导线上　b）绕上同样粗细的导线　c）导线搭焊

1—剪去多余部分　2—绝缘前焊接　3—扭转并焊接　4—热缩套管

3. 集成电路焊接技术

由于集成电路内部集成度高，焊接温度不能超过 200℃。因此对集成电路进行焊接时，应注意以下几点：

（1）集成电路引线一般是经镀银处理的，不需要用刀刮，只需用酒精擦洗或用橡皮擦干净即可。

（2）如果引线有短路环，焊接前不要拿掉。

（3）电烙铁最好用 20 W 内热式，并要有可靠的接地措施，或者利用余热进行焊接。

（4）焊接时间不宜过长，每个焊点最好用 2 s 的时间进行焊接，连续焊接时间不超过 10 s。

（5）使用低熔点助焊剂，一般不要超过 150℃。

（6）工作台面上如果铺有橡皮、塑料等易于积累静电的材料，电路芯片及印制板不宜放在台面上。

（7）引脚必须和电路板插孔一一对应，集成电路安全焊接顺序为地端→输出端→电源端→输入端，且要防止焊点之间短路。焊接完毕，用棉纱蘸适量酒精擦净焊接处残留的焊剂。

任务实施

一、实训目的

1. 能做好焊接前准备工作。
2. 能正确实施焊接操作。

二、主要实训器材的认识

工具及材料清单见表 1—2—1。

表 1—2—1　　　　工具及材料清单

序号	名称	型号与规格	数量
1	电烙铁	25W	1
2	铆钉板	/	1
3	电子元器件	/	若干
4	导线	/	若干
5	万用表	/	1
6	常用无线电工具	套	1

三、实训内容

1. 焊接质量基本要求

焊接的质量直接影响整机产品的可靠性与质量。因此，在锡焊时，必须做到以下几点：

（1）焊点的强度要满足需要。为了保证足够的强度，一般采用把被焊元器件的引线端子打弯后再焊接的方法，但不能用过多的焊料堆积，以防止造成虚焊或焊点之间短路。

（2）焊接可靠，保证导电性能良好。为保证有良好的导电性能，必须防止虚焊。

（3）焊点表面要光滑、清洁。为使焊点美观、光滑、整齐，不但要有熟练的焊接技能，而且要选择合适的焊料和助焊剂，否则将出现表面粗糙、拉尖、棱角现象。另外，烙铁的温度也要保持适当。

2. 手工焊接操作步骤

手工焊接操作步骤见表 1—2—2。

表 1—2—2　　　　手工焊接操作步骤

项目	作业图	操作步骤及说明	相关知识及要点
焊接前的准备	 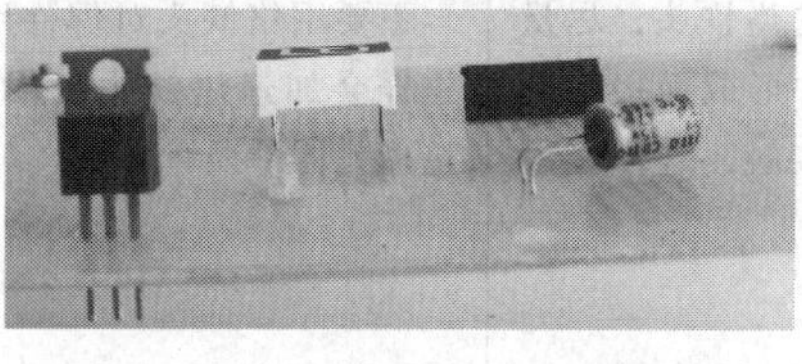	元器件引线加工成形：元器件在印制板上的排列和安装方式有两种：一种是立式，另一种是卧式。引线的跨距应根据尺寸优选 2.5 的倍数	加工时，注意不要将引线齐根弯折，并用工具保护引线的根部，以免损坏元器件

续表

项目	作业图	操作步骤及说明	相关知识及要点
焊接前的准备		元器件引线表面会产生一层氧化膜，影响焊接。因此要搪锡（镀锡）	除少数有银、金镀层的引线外，大部分元器件引脚在焊接前必须先搪锡
焊接	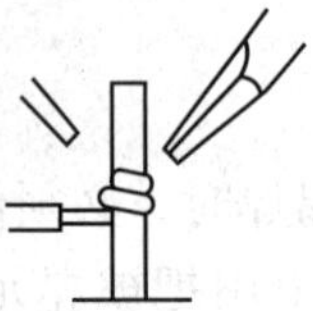	准备：焊接前的准备工作是检查电烙铁，电烙铁要具有良好的接地，而且导线无破损，连接牢固。烙铁头要保持清洁，能够挂锡并使电烙铁通电加热	焊接具体操作的五步法：准备、加热、送锡、去锡、撤电烙铁。对于小热容量焊件而言，整个焊接过程一般为2～4 s
	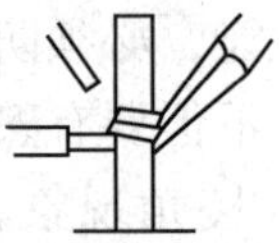	加热：加热是指加热被焊件引线及焊盘。加热时要保证元器件引线及焊盘同时加热，同时达到焊接温度	电烙铁头加热要沿45°方向紧贴元器件引线并与焊盘紧密接触
	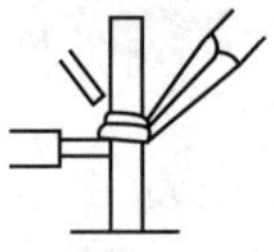	送锡：送焊锡丝是控制焊点大小关键的一步，送锡过程要观察焊点的形成过程，控制送锡量	注意：焊锡丝应从烙铁的对侧加入，而不是直接加在烙铁头上
	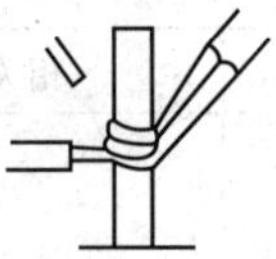	撤锡：当焊盘上形成适中的焊点后，要将焊锡丝及时撤离	撤离时速度要快，且焊锡丝应始终与焊盘成45°夹角
	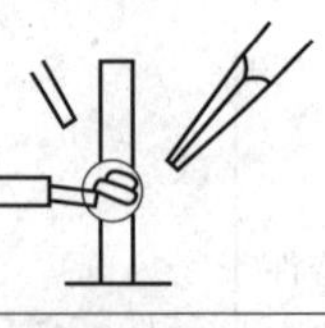	撤离电烙铁：撤离电烙铁要先慢后快，否则焊点收缩不到位容易形成拉尖，撤离方向要与焊盘成45°夹角	撤离方向也要与焊盘成45°夹角
焊接操作手法	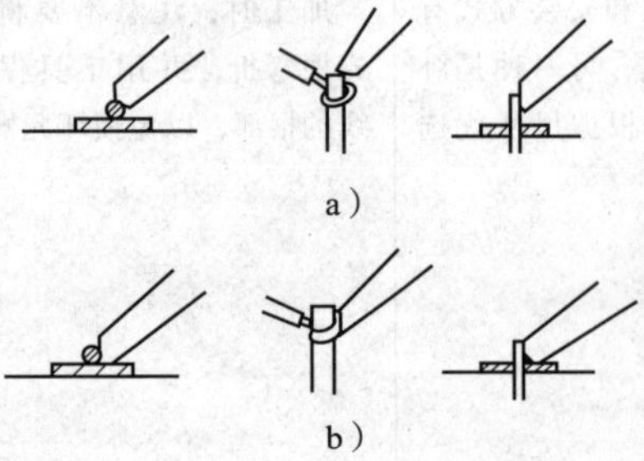 a） b） a）不正确　b）正确	采用正确的加热方法：根据焊件形状选用不同的烙铁头，尽量要让烙铁头与焊件形成面接触而不是点接触或线接触，这样能大大提高效率	不要用烙铁头对焊件用力，这样会加速烙铁头的损耗和造成元器件损坏

续表

项目	作业图	操作步骤及说明	相关知识及要点
焊接操作手法	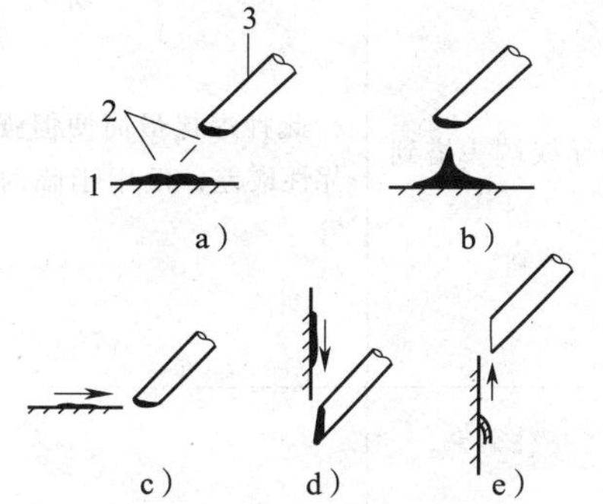 a）烙铁轴向45°撤离　b）向上撤离拉尖 c）水平方向撤离　d）垂直向下撤离，烙铁头吸除焊锡　e）垂直向上撤离，烙铁头上不挂锡 1—工件　2—焊锡　3—烙铁头	采用正确的撤离烙铁方式，烙铁撤离要及时	加热要靠焊锡桥。就是靠烙铁上保留少量焊锡作为加热时烙铁头与焊件之间传热的桥梁，但作为焊锡桥的锡保留量不可过多
	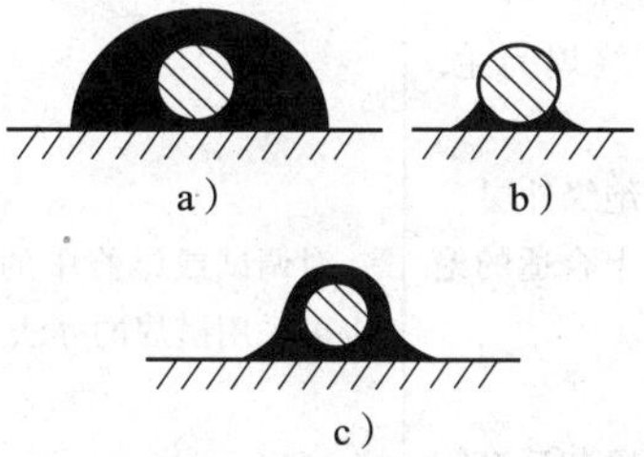 a）　b）　c）	焊锡量要合适。焊锡量过多容易造成焊点上焊锡堆积并容易造成短路，且浪费材料；焊锡量过少，容易焊接不牢，使焊件脱落	在焊锡凝固之前不要使焊件移动或振动，不要使用过量的助焊剂和用已热的烙铁头作为焊料的运载工具
导线与接线端子的焊接	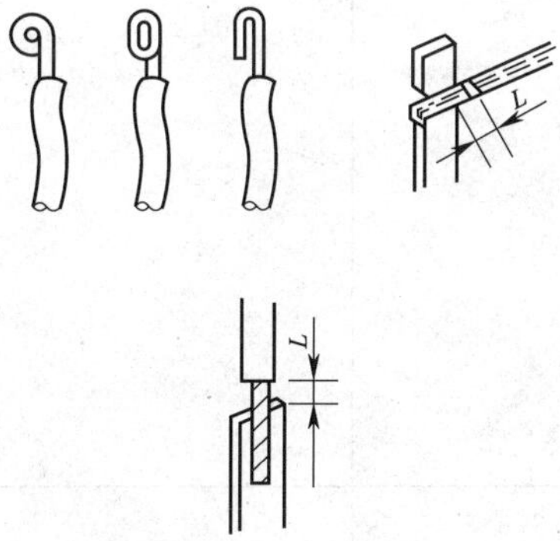	绕焊：把经过镀锡的导线端头在接线端子上缠一圈，用钳子拉紧缠牢后进行焊接。这种焊接可靠性最好	导线与接线端子、导线与导线之间的焊接有三种基本形式：绕焊、钩焊和搭焊
	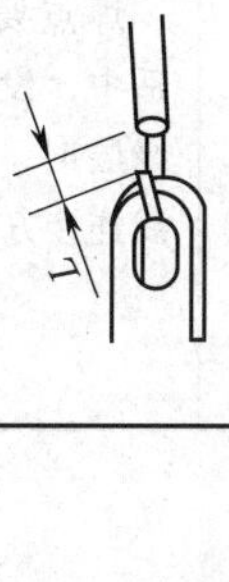	钩焊：将导线端子弯成钩形，钩在接线端子上并用钳子夹紧后焊接	这种焊接操作简便，但强度低于绕焊

续表

项目	作业图	操作步骤及说明	相关知识及要点
导线与接线端子的焊接	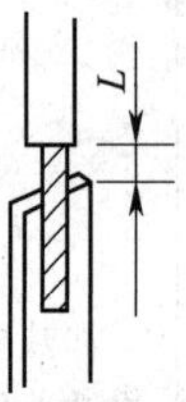 L	搭焊：把镀锡的导线端头搭到接线端子上施焊	此种焊接最简便但强度可靠性最差，仅用于临时连接等
导线与导线的焊接	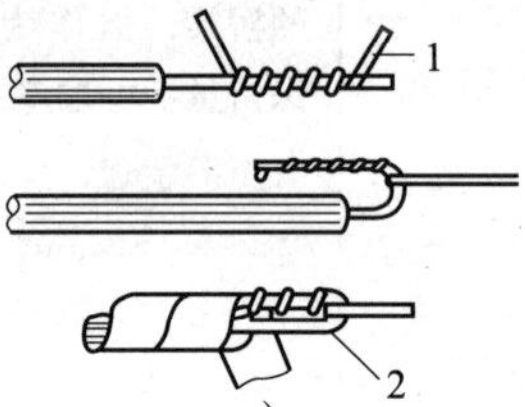 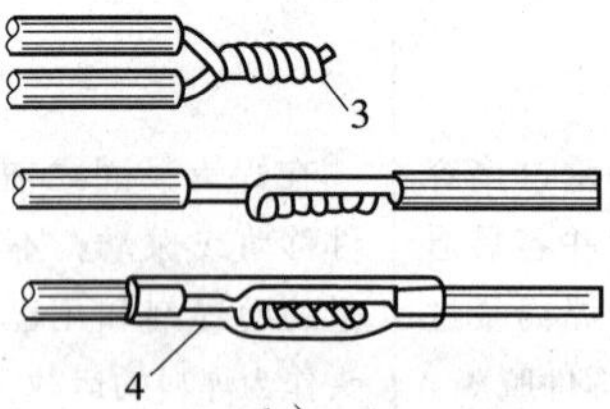 1 2 a) 3 4 b) 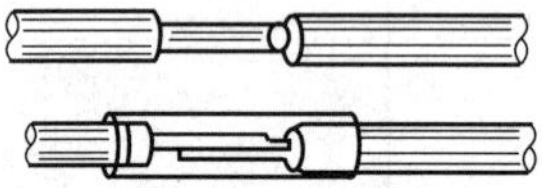 c) a）细导线绕到粗导线上 b）绕上同样粗细的导线 c）导线搭焊 1—剪去多余部分 2—绝缘前焊接 3—扭转并焊接 4—热缩套管	导线之间的焊接以绕焊为主，操作步骤如下： 1）去掉一定长度的绝缘外层 2）端头上锡，并套上合适的绝缘套管 3）绞合导线，施焊 4）趁热套上套管，冷却后套管固定在接头处	对调试或维修中的临时线，也可采用搭焊的办法
在空心铆钉板上焊接	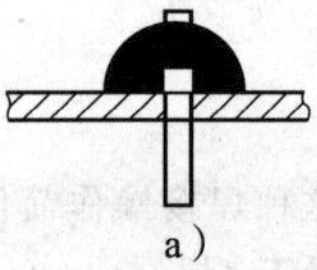 a) 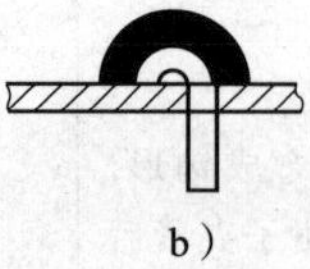　b) a）直角插焊 b）弯角插焊	在空心铆钉板上焊接铜丝（50个铆钉），先清除空心铆钉表面氧化层，清除铜丝表面氧化层，然后镀锡，并在空心铆钉板上（直插、弯插）焊接	焊点要圆润、光滑，焊锡适中，没有虚焊；剥导线绝缘层时，不要损伤铜芯；导线连接方法要正确、牢靠

3. 技能训练成绩评定表

技能训练成绩评定见表 1—2—3。

表 1—2—3　　技能训练成绩评定表

评价项目	评价标准	分值	评分		
			自我评价	小组评价	教师评价
铆钉板上焊接圆点	虚焊、焊点毛糙，每点扣 1 分	10			
铆钉板上焊接铜丝	虚焊、焊点毛糙，每点扣 1 分	10			
印制板上焊接铜丝	虚焊、焊点毛糙，每点扣 1 分	20			
导线与导线的焊接	虚焊、焊点毛糙，每点扣 1 分 导线连接不正确，每处扣 3 分	25			
导线与焊接片的焊接	虚焊、焊点毛糙，每点扣 1 分	25			
安全文明		10			
合计					

学习活动 3　线路的安装与调试

学习目标

1. 能正确识别、检测电子元器件。
2. 能正确设计电路的布局走线。
3. 能根据任务要求装接电路。
4. 能正确完成电路的通电测试。

知识准备

一、电路布局及走线设计要求

设计电路布局及走线，是指在制作前，按照电路原理图和元器件的外形尺寸、封装形式设计其在万能板上的安装位置和布线。

设计电路布局及走线应注意以下几点：

1. 在万能板上均匀布局，避免安装时相互影响，应做到使元器件排布疏密均匀。

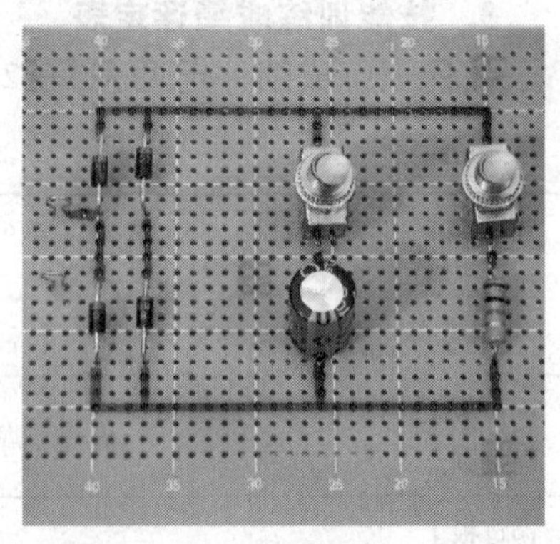

图 1—3—1　电路布局示例

2．电路走向基本与电路原理图一致，一般由输入端开始向输出端一字型排列，逐步确定元器件位置，相互连接的元器件应就近安放。

3．按电路原理图的连接关系布线，布线应做到横平竖直，转角成直角，导线不能相互交叉，确需交叉的导线应在元器件下穿过。

电路布局示例如图 1—3—1 所示。

二、示波器的使用方法

双踪示波器的外形如图 1—3—2 所示，使用示波器测量波形时的步骤如下。

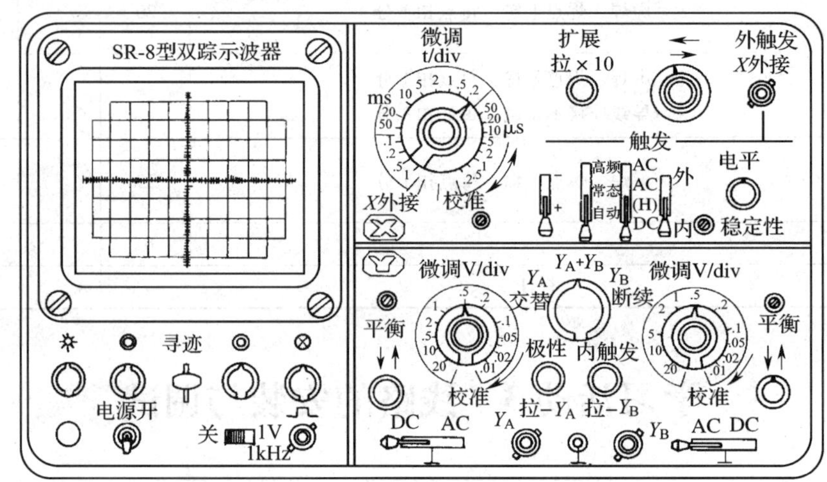

a）

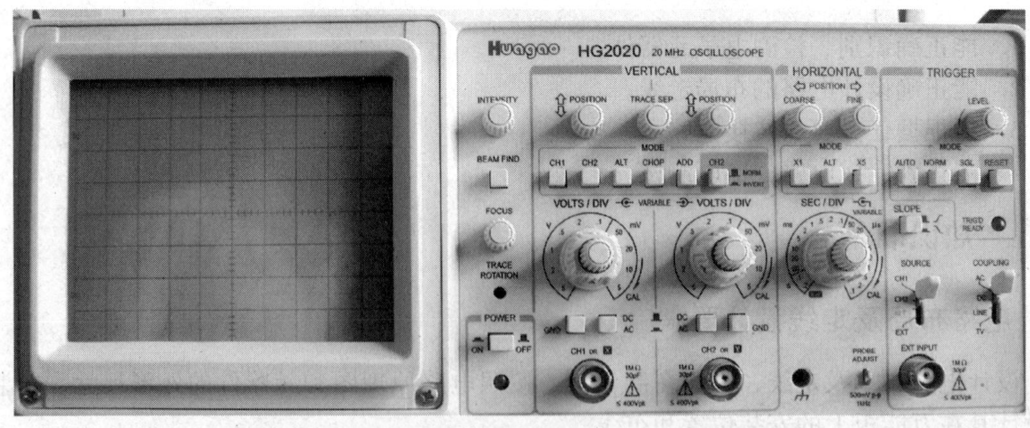

b）

图 1—3—2　双踪示波器的外形

a）SR－8 型双踪示波器　b）HG2020 型双踪示波器

1．测量前的准备

（1）显示扫描线

将电源插头插入交流电源插座之前，按表1—3—1设置仪器的开关及控制旋钮。打开电源，显示扫描线，如图1—3—3所示。

表1—3—1　　各开关及旋钮的位置

开关名称	位置设置	开关名称	位置设置
电源开关	断开	触发源	CH1
辉度	相当于时钟“3”点位置	耦合选择	AC
Y轴工作方式	CH1	电平	锁定（逆时针旋到底）
垂直位移	中间位置，推进去	释抑	常态（逆时针旋到底）
V/Div	10 mV/Div	T/Div	0.5 ms/Div
垂直微调	校准（顺时针旋到底），推入	水平微调	校准（顺时针旋到底），推入
AC —⊥— DC	接地⊥	水平位移	中间位置

（2）打开电源调节亮度和聚焦旋钮，使扫描基线清晰度较好，如图1—3—4所示。

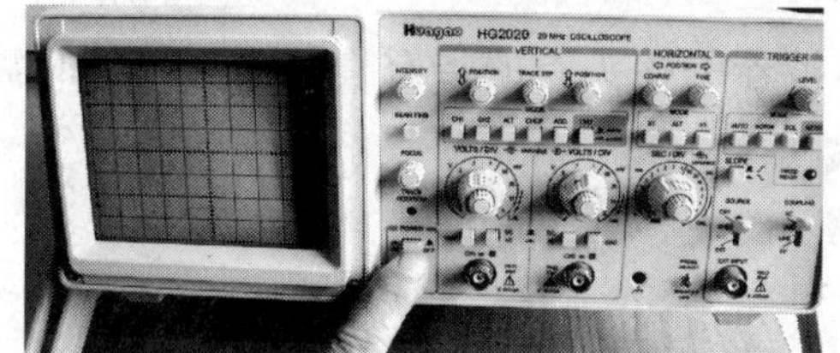

图1—3—3　显示扫描线

图1—3—4　调节扫描基线清晰度

（3）一般情况下，使垂直微调和扫描微调旋钮处于“校准”位置，以便读取V/Div和T/Div的数值。

（4）调节CH1垂直移位

使扫描基线设定在屏幕的中间，若此光迹在水平方向略微倾斜，需调节光迹旋转旋钮使光迹与水平刻度线相平行。

（5）校准波形

由探头输入方波校准信号到CH1输入端，将0.5VP—P校准信号加到探头上。将“AC－⊥－DC”开关置于“AC”位置，校准波形将显示在屏幕上。

2．使用示波器测量信号的方法

（1）将被测信号输入到示波器通道输入端。注意输入电压不可超过400 V（DC＋AC P—P）。使用探头测量大信号时，必须将探头衰减开关拨到×10位置，此时输入信号减小到原值的1/10，实际的V/Div值为显示值的10倍。如果V/Div置于0.5 V/Div，那么实际值应等于 0.5 V/Div × 10 = 5 V。测量低频小信号时，可将探头衰减开关拨到 ×1 位置。

如果要测量波形的快速上升时间或高频信号，必须将探头的接地线接在被测量点附近，减小波形的失真。

（2）按照被测信号参数的测量方法不同，选择各旋钮的位置，使信号正常显示在荧光屏上，记录测量的读数或波形。测量时必须注意将 Y 轴增益微调和 X 轴增益微调旋钮旋至“校准”位置。因为只有在“校准”时，才可按照开关“V/Div”及“T/Div”指示值计算所得测量结果。同时还应注意，面板上标定的垂直偏转因数“V/Div”中的“V”是指峰—峰值，如图 1—3—5 所示。

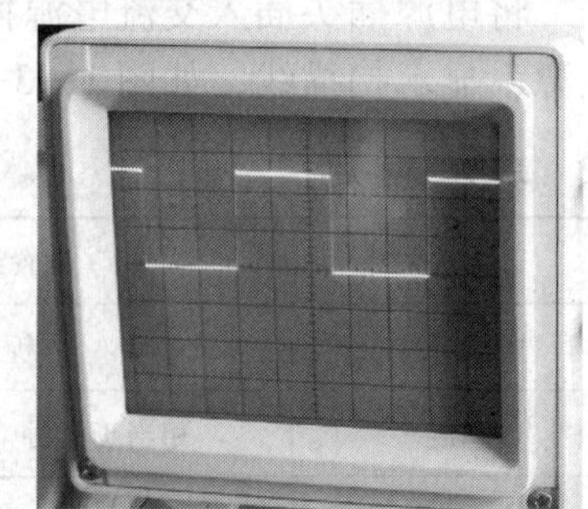

图 1—3—5　记录测量的读数或波形

（3）根据记下的读数进行分析、运算、处理，得到测量结果。

3．使用示波器时的注意事项

（1）使用前必须检查电网电压是否与示波器要求的电源电压相一致。

（2）通电后需预热 15 min 后再调整各旋钮。必须注意亮度不可开得过大，且亮点不可长期停留在一个位置上，以免缩短示波管的使用寿命。仪器暂时不用时可将亮度关小，不必切断电源。

（3）通常信号引入线都需使用屏蔽电缆。示波器的探头有的带有衰减器，读数时需加以注意。各种型号示波器的探头要专用。

任务实施

一、实训目的

1．能制订学习任务工作计划。

2．能正确安装单相桥式整流滤波电路。

3．能正确测量单相桥式整流滤波电路参数。

二、主要实训器材的认识

工具及材料清单见表 1—3—2。

表 1—3—2　　工具及材料清单

序号	名称	型号与规格	数量
1	电源变压器 T	220 V/15 V	1
2	整流二极管 V1、V2、V3、V4	IN4004	4
3	电解电容器 C	470 μF/50 V	1

续表

序号	名称	型号与规格	数量
4	电阻器 R_L	10 kΩ/0. 25 W	1
5	开关 S1、S2	单刀单掷	2
6	熔断器 FU1	0.5 A	1
7	熔断器 FU2	0. 05 A	1
8	实验板	/	1
9	通用示波器	/	1
10	万用表	/	1
11	常用无线电工具	套	1
12	胶木板	5 mm×50 mm×50 mm	1

三、实训内容

1. 单相桥式整流滤波电路的安装与调试

单相桥式整流滤波电路的安装与调试见表 1—3—3。

表 1—3—3　　单相桥式整流滤波电路的安装与调试

项目	操作图	操作步骤及要点	相关知识
电路的安装接线图		配齐元器件，并用万用表检查元器件的性能及好坏	
		清除元器件的氧化层，并搪锡	剥去电源连接线及负载连接线的线端绝缘，清除氧化层，均加以搪锡处理

续表

项目	操作图	操作步骤及要点	相关知识
电路的安装接线图		插装元器件，经检查无误后，用硬铜导线根据电路的电气连接关系进行布线并焊接固定。焊接元器件时，可用镊子捏住焊件的引线，这样既方便焊接又有利于散热	二极管、电解电容器应正向连接，否则可能会烧毁二极管和电容器
	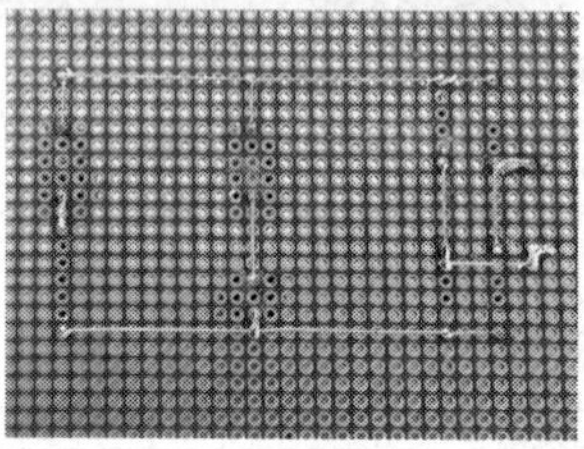	焊接面	不可出现虚假焊接及漏焊现象，一经发现应及时纠正
测试	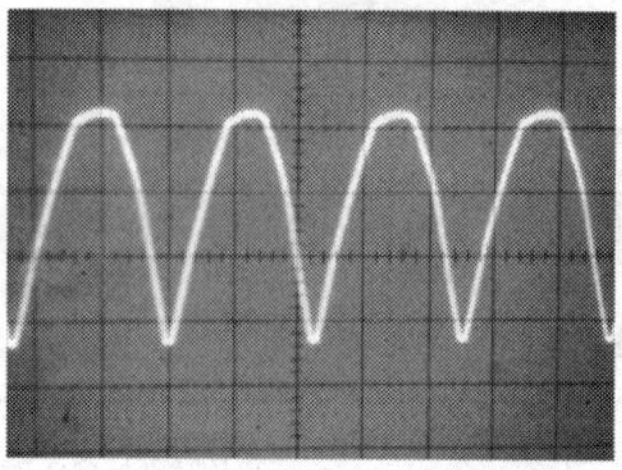	在胶木板上安装变压器、开关、熔断器等元器件。同时，要求做好电源引线的连接和电路板交流输入端的连接，将开关S1断开，用示波器测试输出电压波形	检查各元器件有无错焊、漏焊和虚焊等情况，并判断接线是否正确；接通电源，观察有无异常情况，在开关S1和S2处于各种状态时，将万用表的量程转换开关置于直流50 V挡，用万用表测量输出电压的平均值。测量时，红表笔接输出端正极，黑表笔接输出端负极，空载输出电压应为18 V左右
	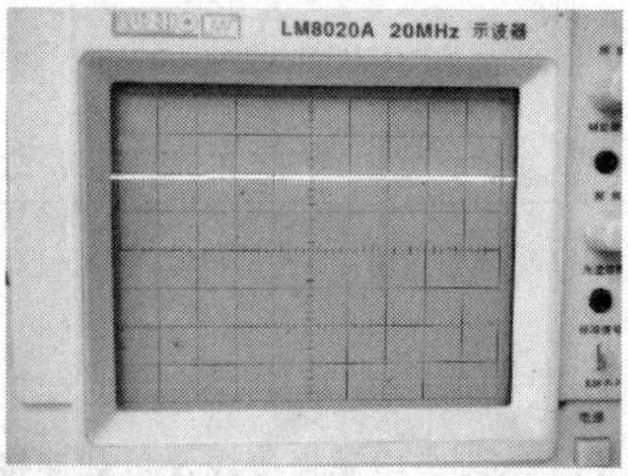	将开关S1、S2闭合，用示波器测试输出电压波形。若输出电压不稳定，则应检查电源电压是否波动。输出电压应随电源电压的上升而上升，随电源电压的下降而下降	1）若输出电压为13.5 V左右，则说明滤波电容脱焊或已损坏 2）若输出电压为6.7 V左右，则说明除滤波电容脱焊或已损坏外，整流桥某个臂脱焊或有一只二极管断路 3）若输出电压为0 V，变压器又无异常发热现象，则是电源变压器一次侧或二次侧绕组已断开或未接妥，或是熔丝已熔断，也可能是电源与整流桥未接妥 4）若接通电源后，熔丝立即熔断，则是电源变压器一次侧或二次侧绕组已短路，或是整流桥中一只二极管反接，或是滤波电容短路。此时应立即切断电源，查明原因。FU1熔断为一次侧短路；FU1、FU2熔断为二次侧短路，FU2熔断的主要原因是C1短路或二极管反接等

小贴士

单相桥式整流滤波电路电压波形图

单相桥式整流滤波电路的输入、输出各关键点电压波形如图 1—3—6 所示。

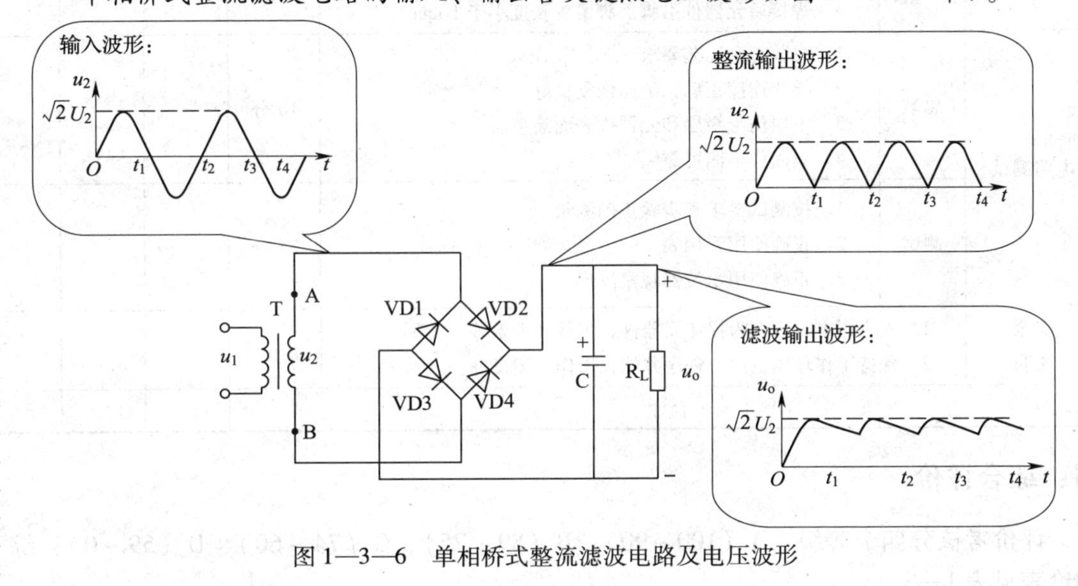

图 1—3—6　单相桥式整流滤波电路及电压波形

2. 技能训练成绩评定表

技能训练成绩评定表见表 1—3—4。

表 1—3—4　　　　技能训练成绩评定表

评价项目		评价标准	分值	评分		
				自我评价	小组评价	教师评价
电路装配	元器件安装	1. 电阻阻值识别与测量，安装位置正确 2. 二极管极性识别与质量测量，安装位置正确 3. 电解电容极性判断，安装位置正确	10 分			
	布线	1. 布局合理、紧凑 2. 导线横平、竖直，转角成直角，无交叉 3. 元器件间连接关系和电路原理图一致	10 分			
	插件	1. 电阻器、二极管水平安装，贴近电路板 2. 元器件安装平整、对称 3. 按图装配，元器件的位置、极性正确	20 分			

续表

评价项目	评价标准		分值	评分		
				自我评价	小组评价	教师评价
电路装配	焊接	1. 焊点光亮、清洁、焊料适量 2. 布线平直 3. 无漏焊、虚焊、假焊、搭焊等现象 4. 焊接后元器件引脚剪脚留头长度小于 1 mm	25 分			
电路测试	总装	1. 总装符合工艺要求 2. 导线连接正确，绝缘恢复良好 3. 不损伤绝缘层和元器件表面涂覆层 4. 紧固件牢固可靠	10 分			
	测试	1. 按测试要求和步骤正确测量 2. 正确使用万用表 3. 正确使用示波器观察波形	25 分			
安全文明	1. 安全用电，不人为损坏元器件、工件和设备等 2. 保持工作环境整洁、秩序井然，操作习惯良好					
合计						

四、综合评价

评价考核分四个等级：A（100 ~ 90）、B（89 ~ 75）、C（74 ~ 60）、D（59 ~ 0），综合评价表见表 1—3—5。

表 1—3—5　　综合评价表

项目名称	评价内容	配分	评价分数		
			自评	互评	师评
职业素养考核项目（40%）	劳动保护用品穿戴整洁	6 分			
	安全意识、责任意识、服从意识	6 分			
	积极参加教学活动，按时完成学生工作页	10 分			
	团队合作、与人交流能力	6 分			
	劳动纪律	6 分			
	生产现场管理 6S 标准	6 分			
专业能力考核项目（60%）	专业知识查找及时、准确	12 分			
	操作符合规范	18 分			
	操作熟练，工作效率高	12 分			
	成品的验收质量高	18 分			
总分		100			
总评	自评（20%）+互评（20%）+师评（60%）	综合等级		教师（签名）：	

任务二 稳压电源的安装与调试（双电源固定）

学习目标

1. 能识别稳压电源电路原理图中的基本电子元器件。
2. 能正确识读稳压电源电路工作原理图、装配图等。
3. 能检测和筛选元器件。
4. 能查阅电子装接的工艺规范，并能正确使用工具，按照规范独立装接电子线路。
5. 规范使用仪器仪表，测试元器件的性能及电子线路的功能。

建议课时

40 课时

任务描述

某公司维修员在维修一台机电设备时，发现稳压电源部分被严重烧毁，由于此设备型号在市场上已淘汰，无法买到该零配件，但在设备使用说明书中有此稳压电源的电路原理图。迫于生产压力，该公司领导要求公司维修小组按照电路原理图加工一个稳压电源。设备说明书中的稳压电源电路图如图 2—0—1 所示。

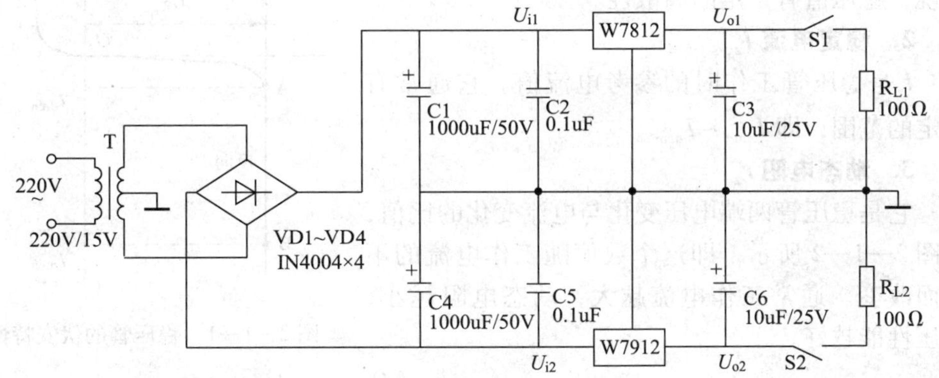

图 2—0—1 设备说明书中的稳压电源电路图

工作流程与活动

学习活动 1 电子元器件的认识

学习活动 2　线路的安装与调试

学习活动 1　电子元器件的认识

学习目标

1. 能简述单元电路功能及其使用方法。
2. 能识别基本电子元器件，识读原理图等。

知识准备

一、稳压二极管

稳压二极管的特点是击穿后其两端的电压基本保持不变。这样，当把稳压管接入电路以后，若由于电源电压发生波动，或其他原因造成电路中各点电压变动时，负载两端的电压将基本保持不变。

稳压管也是一种晶体二极管，是利用 PN 结的击穿区具有稳定电压的特性来工作的。稳压管在稳压设备和一些电子电路中获得广泛的应用。把这种类型的二极管称为稳压管，以区别用在整流、检波和其他单向导电场合的二极管。如图 2—1—1 所示为稳压管的伏安特性及其符号。

1. 稳定电压 U_z

U_z就是 PN 结的击穿电压，它随工作电流和温度的不同而略有变化。对于同一型号的稳压管来说，稳压值有一定的离散性。

2. 稳定电流 I_z

I_z是稳压管工作时的参考电流值。它通常有一定的范围，即 $I_{zmin} \sim I_{zmax}$。

3. 动态电阻 r_z

它是稳压管两端电压变化与电流变化的比值，如图 2—1—2 所示，即这个数值随工作电流的不同而改变。通常工作电流越大，动态电阻越小，稳压性能越好。

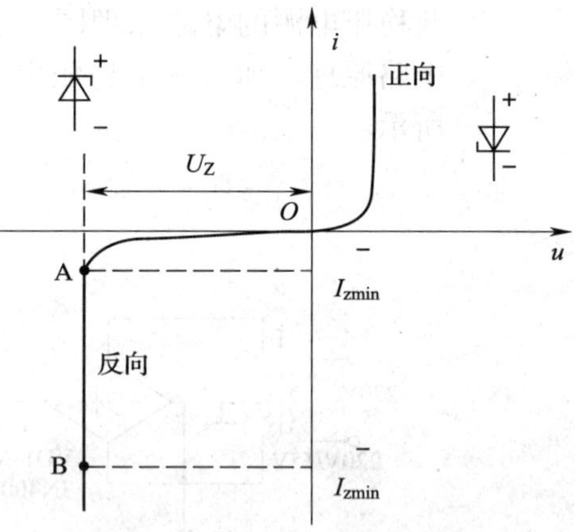

图 2—1—1　稳压管的伏安特性及其符号

$$r_z = \frac{\Delta U_z}{\Delta I_z}$$

4. 稳定电压温度系数

它是用来说明稳定电压值受温度变化影响的系数。不同型号的稳压管有不同的稳定电压温度系数，且有正负之分。稳压值低于 4 V 的稳压管，稳定电压的温度系数为负值；稳压值高于6 V的稳压管，稳定电压的温度系数为正值；介于4 V和6 V之间的，可能为正，也可能为负。在要求高的场合，可以用两个温度系数相反的管子串联进行补偿（如2DW7）。

5. 额定功耗 P_z

前面已指出，工作电流越大，动态电阻越小，稳压性能越好，但是最大工作电流受到额定功耗 P_z 的限制，超过 P_{zM} 将会使稳压管损坏。

选择稳压管时应注意：流过稳压管的电流 I_z 不能过大，应使 $I_z \leqslant I_{zmax}$，否则会超过稳压管的允许功耗，I_z 也不能太小，应使 $I_z \geqslant I_{zmin}$，否则不能稳定输出电压，这样使输入电压和负载电流的变化范围都受到一定限制。如图2—1—3所示的稳压管工作时的动态等效电路，图2—1—3中二极管为理想二极管。

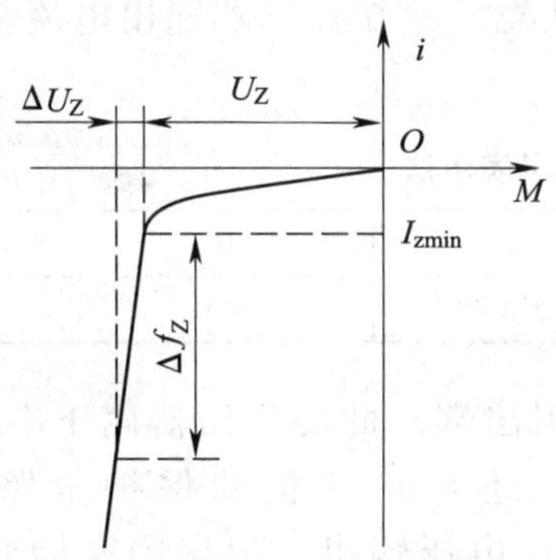

图2—1—2 稳压管动态电阻

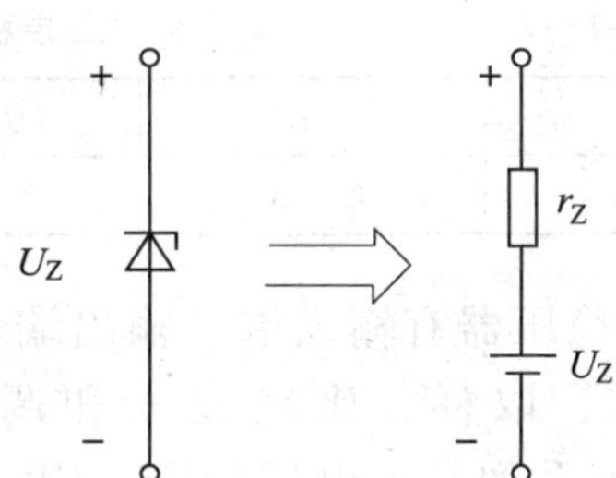

图2—1—3 稳压管等效电路

稳压二极管在电路中常用“ZD”加数字表示，如ZD5表示编号为5的稳压管。常用稳压二极管的型号及稳压值见表2—1—1。

表2—1—1 **常用稳压二极管的型号及稳压值**

型号	1N4728	1N4729	1N4730	1N4732	1N4733	1N4734	1N4735	1N4744	1N4750	N4751
稳压值（V）	3.3	3.6	3.9	4.7	5.1	5.6	6.2	15	27	30

二、三端稳压器

三端稳压器具有体积小、外围元件少、调整简单、使用方便、性能好、稳定性高、价格便宜等优点，因而获得越来越广泛的应用。固定式集成三端稳压器的外形和管脚排列如图2—1—4所示。由于它只有输入、输出和公共地端三个端子，故称为三端稳压器。

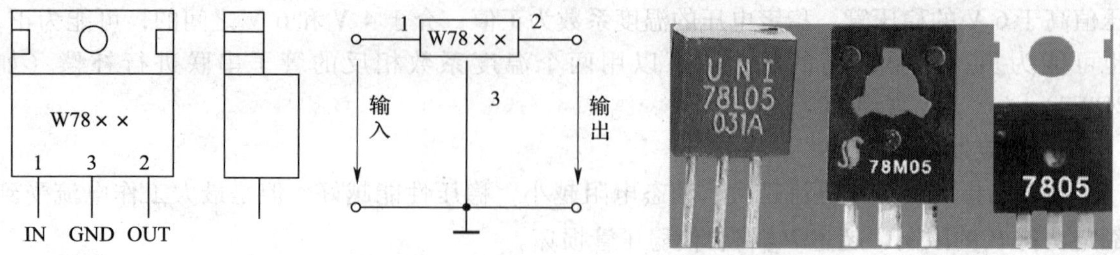

图 2—1—4 固定式集成三端稳压器的外形和管脚排列

国产的三端稳压器有 CW78××系列（正电压输出）和 CW79××系列（负电压输出），其输出电压有 ±5 V、±6 V、±8 V、±9 V、±12 V、±15 V、±18 V、±24 V，最大输出电流有 0.1 A、0.5 A、1 A、1.5 A、2.0 A 等。CW78××系列和 CW79××系列稳压器的管脚功能有较大的差异，使用时必须注意。三端稳压器输出电流字母表示法见表 2—1—2。

表 2—1—2　　三端稳压器输出电流字母表示法

L	M	（无字母）	S	H	P
0.1 A	0.5 A	1 A	2 A	5 A	10 A

三端稳压器有输入端、输出端和公共端三个引出端。此类稳压器属于串联调整式，除了基准、取样、比较放大和调整等环节外，还有较完整的保护电路。常用的 CW78××系列是正电压输出，CW79××系列是负电压输出。根据国家标准，其型号意义如下：

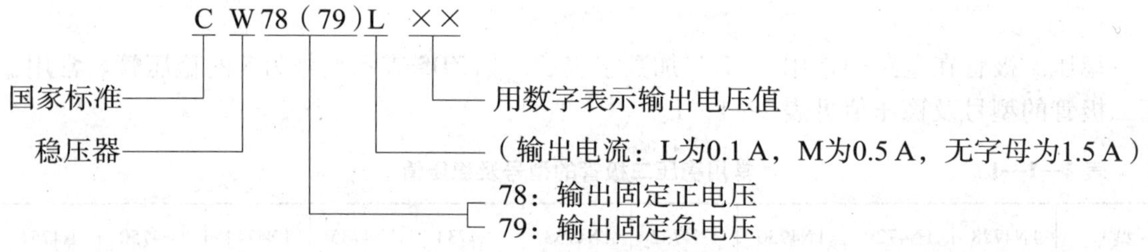

任务实施

电子元器件的检测

一、实训目的

1. 能检测判断稳压二极管的好坏和极性。
2. 能进行三端稳压器的质量检测判别。

二、主要实训器材的认识

工具及材料清单见表 2—1—3。

表 2—1—3　　工具及材料清单

序号	名称	数量
1	稳压二极管	若干
2	三极管	若干
3	三端稳压器	若干
4	万用表	1 只
5	兆欧表	1 只
6	常用无线电工具	1 套

三、实训内容

1. 稳压二极管的检测

稳压二极管的检测方法见表 2—1—4。

表 2—1—4　　稳压二极管的检测

项目	作业图	操作步骤及说明	相关知识及要点
稳压二极管的检测		稳压二极管与普通二极管的识别：使用 $R\times1$ k 挡测出二极管的正、负引脚	稳压二极管在反向击穿前的导电特性与一般二极管相似，因而可以通过检测正反向电阻的方法来判别极性
		然后将万用表拨至 $R\times10$ k 挡上，黑表笔接二极管的负极，红表笔接二极管的正极，若此时测得的反向电阻值变得很小，说明该管为稳压二极管；反之，测得的反向电阻仍很大，说明该管为普通二极管	

续表

项目	作业图	操作步骤及说明	相关知识及要点
稳压二极管的检测	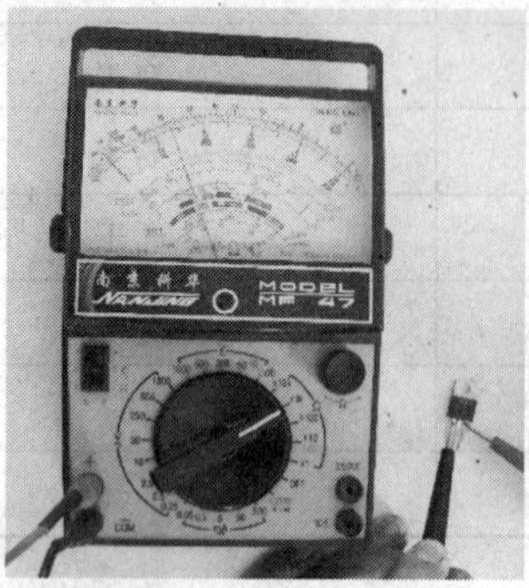	三电极稳压二极管与三极管的识别：先假设被测管是三根引脚的稳压二极管，然后将万用表拨至 $R\times1$ k 挡，用黑表笔任接一根引脚，红表笔分别接另两根引脚，测得第一组两个电阻值；黑表笔再换一根引脚用同样的方法测得第二组两个电阻值，再重复此法，测得第三组两个电阻值。在三组数值中若有一组中的两个阻值十分接近且为最小，黑表笔所接引脚为假设稳压二极管的③脚	三根引脚的稳压二极管外形与三极管的相同，当管壳上型号脱落后，也可用万用表加以区别
	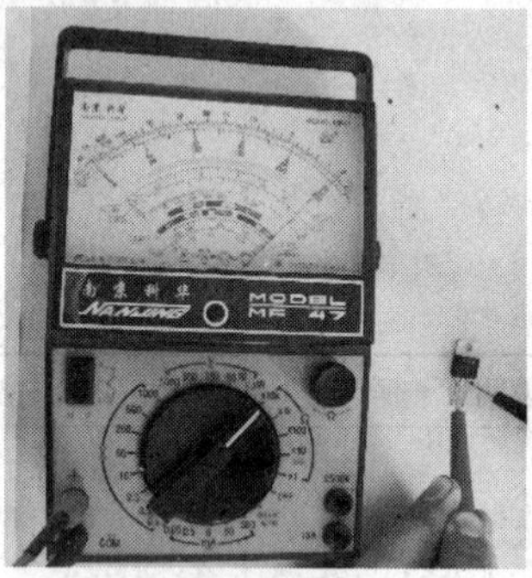	稳压二极管与三极管的区别：在找到③脚后，将万用表换到 $R\times10$ k 挡，用红表笔接刚测出的③脚，黑表笔依次接触其余两脚，若测得的阻值变得很小，而且比较对称，说明被测的是三根引脚的稳压二极管。与此相反，若测得的两阻值虽然较小，但不对称，说明该管为三极管	

2. 三端稳压器的检测

三端稳压器可用万用表测量各引脚之间的电阻值，可以根据测量的结果粗略判断出被测集成稳压器的好坏。方法如下：

CW78××系列（以下简称 78 系列）三端稳压器的电阻值用万用表 $R\times1$ k 挡测得。正测是指黑表笔接稳压器的接地端，红表笔去依次接触另外两引脚；负测指红表笔接地端，黑表笔依次接触另外两引脚。

由于三端稳压器的品牌及型号众多，其电参数具有一定的离散性。通过测量三端稳压器各引脚之间的电阻值，也只能估测出三端稳压器是否损坏。若测得某两脚之间的正、反向电阻值均很小或接近 0 Ω，则可判断该三端稳压器内部已击穿损坏。若测得任意两脚之间的正、反向电阻值均为无穷大，则说明该三端稳压器已开路损坏。若测得三端稳压器的阻值不稳定，随温度的变化而改变，则说明该三端稳压器的热稳定性能不良。

即使测量三端稳压器的电阻值正常，也不能确定该三端稳压器就是完好的，还应进一步测量其稳压值是否正常。测量时，可在被测三端稳压器的电压输入端与接地端之间加上一个直流电压（正极接输入端）。此电压应比被测三端稳压器的标称输出电压高 3 V 以上（例如被测集成稳压器是 7806，加的直流电压就为 +9 V），但不能超过其最大输入电压。若测得三端稳压器输出端与接地端之间的电压值输出稳定，且在三端稳压器标称稳压值的 ±5% 范围内，则说明该三端稳压器性能良好。

CW79××系列（以下简称79系列）三端稳压器的检测与78系列三端稳压器的检测方法相似，用万用表R×1k挡测量79系列三端稳压器各引脚之间的电阻值，若测得结果与正常值相差较大，则说明该三端稳压器性能不良。测量79系列三端稳压器的稳压值与测量78系列三端稳压器稳压值的方法相同，也是在被测三端稳压器的电压输入端与接地端之间加上一个直流电压（负极接输入端），此电压应比被测三端稳压器的标称电压低3 V以下（例如被测三端稳压器是7905，加的直流电压应为－8 V），但不允许超过三端稳压器的最大输入电压。若测得三端稳压器输出端与接地端之间的电压值输出稳定，且在三端稳压器标称稳压值的±5%范围内，则说明该集成稳压器完好。

知识拓展

固定式三端稳压器的典型应用电路

一、固定输出连接（见图2—1—5）

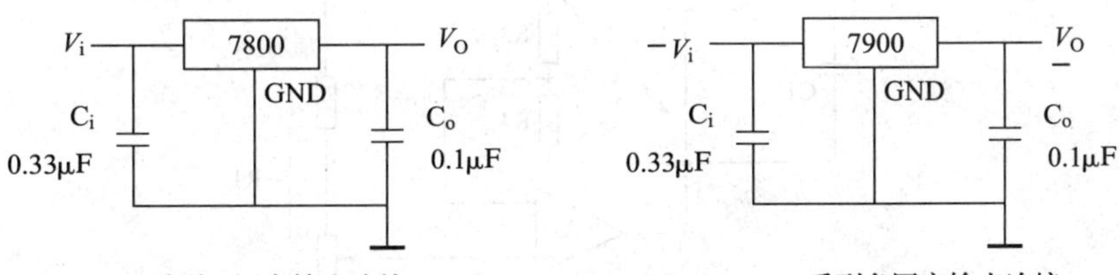

图2—1—5　固定输出连接

在使用时必须注意V_i和V_o之间的关系，以W7805为例，该三端稳压器的固定输出电压是5 V，而输入电压至少大于8 V，这样输入和输出之间有3 V的压差，使调整管保证工作在放大区。但压差取得大时，又会增加集成块的功耗，所以两者应兼顾，即既保证在最大负载电流时调整管不进入饱和，又不会使功耗偏大。

二、固定双组输出连接（见图2—1—6）

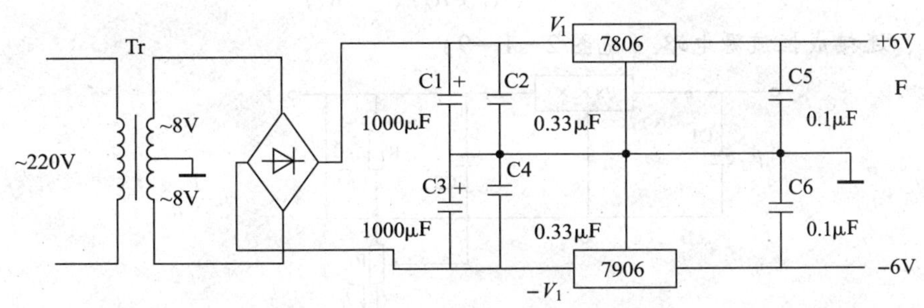

图2—1—6　固定双组输出连接

三、扩大输出电流连接（见图2—1—7）

二极管D的设置用以抵消T管V_{BE}压降，扩大的输出电流为I_L，原输出电流是I_o，现可以近似扩大β倍。

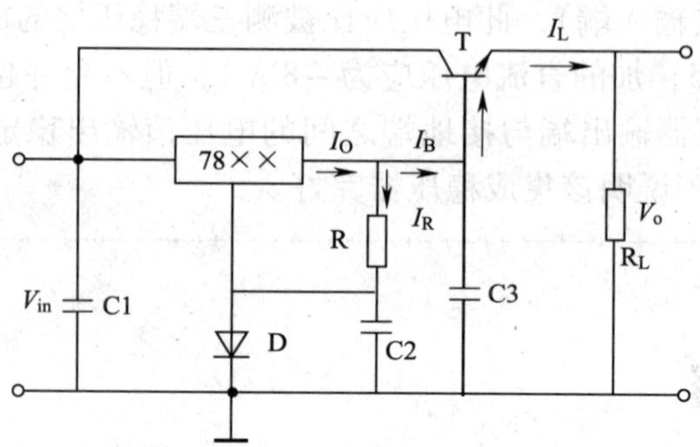

图2—1—7　扩大输出电流连接

四、扩大输出电压范围（见图2—1—8）

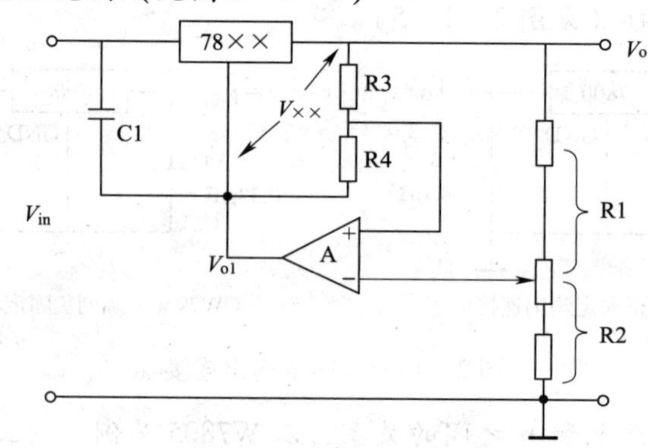

图2—1—8　扩大输出电压范围

$$V_o = V_{××} + V_{o1} = V_{××} + \left(1 + \frac{R_4}{R_3}\right)\left(\frac{R_2}{R_1 + R_2}\right)V_o - \frac{R_4}{R_3}V_o$$

所以
$$V_o = V_{××}\left(\frac{R_3}{R_3 + R_4}\right)\left(1 + \frac{R_2}{R_1}\right)$$

五、连接成恒流源电路（见图2—1—9）

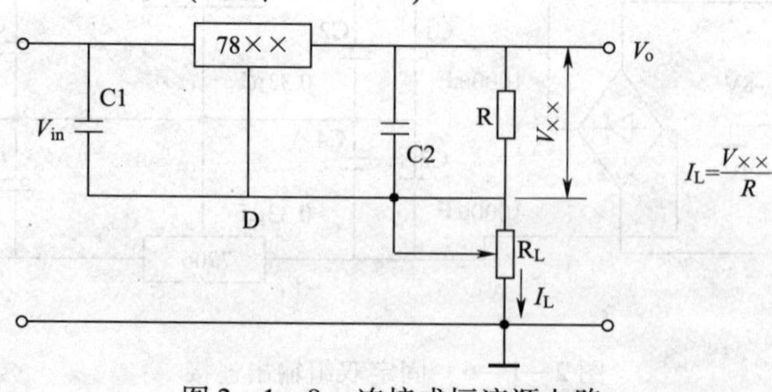

图2—1—9　连接成恒流源电路

学习活动 2　线路的安装与调试

学习目标

1. 能够使用工具装接电子线路。
2. 能规范使用仪器仪表测试元器件的性能及电子线路的功能。
3. 能查阅电子装接的工艺规范，并能按照规范独立装接电子线路。
4. 能正确运用仪器仪表对装接后的电子线路进行测试，正确记录测试结果。

知识准备

一、稳压电路的组成

稳压电源的组成框图如图 2—2—1 所示。

电网的交流电压 ~220V → 电源变压器 → 整流电路 → 滤波电路 → 稳压电路 → U_o → 负载

图 2—2—1　稳压电源的组成框图

1. 电源变压器 T

电源变压器 T 的作用是将 220 V 电网电压变换为整流电路所要求的交流电压值。

2. 整流电路

整流二极管 V1 ~ V4 构成单相桥式整流电路，它的作用是将交流电压变换为脉动直流电压。

3. 滤波电容 C1

它的作用是将脉动的直流电变换为平滑的直流电。

4. 稳压电路

稳压电路的作用是使直流电源的输出电压稳定，基本不受电网电压或负载变动的影响。

二、双电源固定型稳压电源的工作原理

双电源固定型稳压电源原理图如图 2—2—2 所示。它能输出正负两组电压，其中电源变压器要求带中心抽头，分别经过桥式整流、滤波，再利用三端稳压器稳压，输出 ± 12 V 两组电压。

任务实施

一、实训目的

1. 能正确安装稳压电源（双电源固定）。
2. 能正确测量稳压电源电路参数。

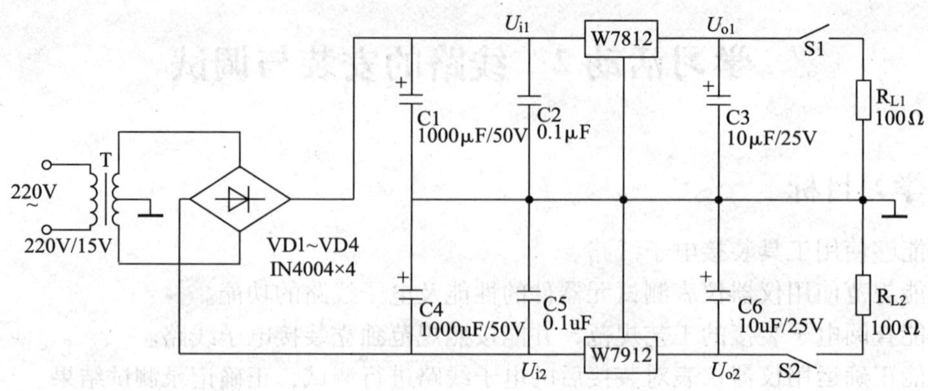

图 2—2—2　双电源固定型稳压电源原理图

二、主要实训器材的认识

工具及材料清单见表 2—2—1。

表 2—2—1　　　　**工具及材料清单**

序号	代号与名称		规格	数量
1	电源变压器 T		带中心抽头 220 V/15 V	1
2	整流二极管 VD1 ~ VD4		IN4004	4
3	电容器	C1、C4	电解 2 200 uF/50 V	2
4		C2、C5	0. 1uF	2
5		C3、C6	电解 10 uF/25 V	2
6	电阻器 R_{L1}、R_{L2}		100 Ω/2 W	2
7	集成稳压器	CW7812		1
8		CW7912		1
9	开关 S1、S2		单刀单掷	2
10	铝型散热片			1
11	实验板			1
12	通用示波器		台	1
13	常用无线电工具		套	1

三、实训内容

1. 双电源固定型稳压电源的安装

双电源固定型稳压电源的安装见表 2—2—2。

表 2—2—2　　双电源固定型稳压电源的安装

项目	操作图	操作步骤及要点	相关知识
电路的安装接线		配齐元器件，并用万用表检查元器件的性能及好坏。常见的固定式三端集成稳压器外形见左图	CW78××系列和CW79××系列稳压器的管脚功能有较大的差异，使用时必须注意
		清除元器件的氧化层，并搪锡	剥去电源连接线及负载连接线的线端绝缘，清除氧化层，均加以搪锡处理
	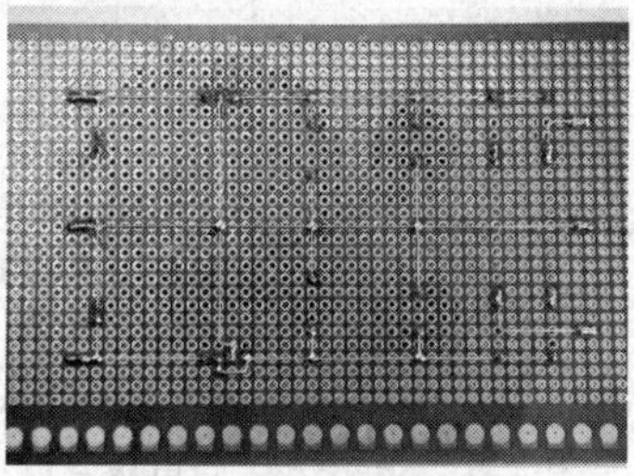	将元器件插装后再焊接固定，用硬铜导线根据电路的电气连接关系进行布线并焊接固定	不可出现虚假焊接及漏焊现象，一经发现应及时纠正
		组装好的电路板	检查各元器件有无错焊、漏焊和虚焊等情况，并判断接线是否正确

2. 双电源固定型稳压电源的调试

(1) 双电源固定型稳压电源的调试要求和方法

元器件安装完毕，一定要认真检查，切忌贸然通电。

检查时，先用目测，即仔细查看有无错接、虚焊之处；再用万用表检测，用万用表检测时，先测量变压器一次侧两端（即电源插头两导体间）的直流电阻，再分别测量各电压输出端与地之间的直流电阻。如电阻为0，表明电路有故障，不能通电。

通电后，注意观察有无异常现象发生，如冒烟、有烧焦气味、元器件发热烫手等。如发现异常现象，应立即拉断电源，然后查找故障。若无异常现象，就可用万用表按下列步骤测量电压：

1）测量变压器的次级交流电压 U_2。

2）测量正负输出对地的直流电压。

（2）双电源固定型稳压电源电路各关键点参数的测量

双电源固定型稳压电源电路各关键点参数的测量见表 2—2—3。

表 2—2—3　　双电源固定型稳压电源电路各关键点参数的测量

<table>
<tr><th>项目</th><th colspan="6">操作图</th><th>操作步骤及要点</th><th>相关知识</th></tr>
<tr><td rowspan="6">测试</td><td colspan="6">T 220V~ 220V/15V VD1~VD4 IN4004×4 C1 1000μF/10V C2 0.1μF C4 1000μF/50V C5 0.1μF U_{i1} W7812 U_{o1} U_{i2} W7912 U_{o2} C3 10μF/25V C6 10μF/25V S1 S2 R_{L1} 100Ω R_{L2} 100Ω</td><td>在胶木板上安装变压器、开关、熔断器等元器件。同时，要求做好电源引线的连接和电路板交流输入端的连接</td><td></td></tr>
<tr><td colspan="3">集成稳压器 W7812</td><td colspan="3">集成稳压器 W7912</td><td rowspan="3">空载时工作电压的测量：将开关 S1 和 S2 断开，用万用表测量电路中集成稳压器输入端和输出端两点的电压</td><td rowspan="3">集成稳压电源在断开开关 S2、合上开关 S1 时，只输出正电压 +12 V。在断开开关 S1、合上开关 S2 时，只输出负电压 −12 V。而当开关 S1 和 S2 都合上时，电路可以同时输出正负电压 ±12 V。分别对正电源和负电源进行测量，并且做好记录</td></tr>
<tr><td colspan="2">U_{i1}</td><td>U_{o1}</td><td colspan="2">U_{i2}</td><td>U_{o2}</td></tr>
<tr><td colspan="2"></td><td></td><td colspan="2"></td><td></td></tr>
<tr><td colspan="3">正电源</td><td colspan="3">负电源</td><td rowspan="2">测量稳压电源内阻，将开关 S1 和 S2 都合上，正负电源分别接负载电阻 R_{L1} 和 R_{L2}（都为 100 Ω），用万用表测量电源输出端的电位 U'_{o1} 和 U'_{o2}</td><td rowspan="2">正电源的内阻 $r_1=\left(\frac{U_{o1}}{U'_{o1}}-1\right)\times R_{L1}$，而负电源的内阻 $r_2=\left(\frac{U_{o2}}{U'_{o2}}-1\right)\times R_{L2}$</td></tr>
<tr><td>U_{o1}

</td><td>U'_{o1}</td><td>r_1</td><td>U_{o2}</td><td>U'_{o2}</td><td>r_2</td></tr>
</table>

续表

项目	操作图	操作步骤及要点	相关知识
测试	LM8020A 20MHz 示波器	将开关S闭合，用示波器测试输出电压波形	示波器测量波形时，①垂直输入灵敏度开关（V/div）选择每格________V挡 ②扫描时间转换开关（s/div）选择每格________ms挡
	V_{o1} O t	将开关S1和S2都合上，用示波器观察正电源输出电压的波形	将观察的输出电压波形画到坐标轴上
	V_{o2} O t	用示波器观察负电源输出电压的波形	将观察的输出电压波形画到坐标轴上

3. 技能训练成绩评定表

技能训练成绩评定表见表2—2—4。

表2—2—4　　技能训练成绩评定表

评价项目		评价标准	分值	评分		
				自我评价	小组评价	教师评价
装配	布线	1. 布局合理紧凑 2. 导线横平竖直，转角成直角，无交叉 3. 元器件间连接关系和电路原理图一致	20分			

续表

<table>
<tr><td rowspan="2">评价项目</td><td rowspan="2" colspan="2">评价标准</td><td rowspan="2">分值</td><td colspan="3">评分</td></tr>
<tr><td>自我评价</td><td>小组评价</td><td>教师评价</td></tr>
<tr><td rowspan="2">装配</td><td>插件</td><td>1. 电阻器、二极管水平安装，贴近电路板
2. 元器件安装平整、对称
3. 按图装配，元器件的位置、极性正确</td><td>20 分</td><td></td><td></td><td></td></tr>
<tr><td>焊接</td><td>1. 焊点光亮、清洁、焊料适量
2. 布线平直
3. 无漏焊、虚焊、假焊、搭焊等现象
4. 焊接后元器件引脚剪脚留头长度小于 1 mm</td><td>25 分</td><td></td><td></td><td></td></tr>
<tr><td rowspan="2">测试</td><td>总装</td><td>1. 总装符合工艺要求
2. 导线连接正确，绝缘恢复良好
3. 不损伤绝缘层和元器件表面涂覆层
4. 紧固件牢固可靠</td><td>10 分</td><td></td><td></td><td></td></tr>
<tr><td>测试</td><td>1. 按测试要求和步骤正确测量
2. 正确使用万用表
3. 正确使用示波器观察波形</td><td>25 分</td><td></td><td></td><td></td></tr>
<tr><td>安全文明</td><td colspan="2">1. 安全用电，不人为损坏元器件、加工件和设备等
2. 保持工作环境整洁、秩序井然，操作习惯良好</td><td></td><td></td><td></td><td></td></tr>
<tr><td colspan="4">合计</td><td></td><td></td><td></td></tr>
</table>

四、综合评价

评价考核分四个等级：A（100～90）、B（89～75）、C（74～60）、D（59～0），综合评价表见表 2—2—5。

表 2—2—5　　综合评价表

<table>
<tr><td rowspan="2">项目名称</td><td rowspan="2">评价内容</td><td rowspan="2">配分</td><td colspan="3">评价分数</td></tr>
<tr><td>自评</td><td>互评</td><td>师评</td></tr>
<tr><td rowspan="6">职业素养考核项目（40%）</td><td>安全防护用品穿戴整齐</td><td>6 分</td><td></td><td></td><td></td></tr>
<tr><td>安全意识、责任意识、服从意识</td><td>6 分</td><td></td><td></td><td></td></tr>
<tr><td>积极参加教学活动，按时完成学生工作页</td><td>10 分</td><td></td><td></td><td></td></tr>
<tr><td>团队合作、与人交流能力</td><td>6 分</td><td></td><td></td><td></td></tr>
<tr><td>劳动纪律</td><td>6 分</td><td></td><td></td><td></td></tr>
<tr><td>生产现场管理 6S 标准</td><td>6 分</td><td></td><td></td><td></td></tr>
</table>

续表

项目名称	评价内容	配分	评价分数		
			自评	互评	师评
专业能力 考核项目 （60%）	专业知识查找及时、准确	12 分			
	操作符合规范	18 分			
	操作熟练，工作效率高	12 分			
	成品的验收质量高	18 分			
总分					
总评	自评（20%）+互评（20%）+师评（60%）	综合等级	教师（签名）：		

任务三　稳压电源的安装与调试（单电源可调）

学习目标

1．能识别稳压电源电路原理图中的基本电子元器件。

2．能正确识读稳压电源电路工作原理图，分析直流稳压电源的工作过程。

3．能领取、核对、检测和筛选元器件。

4．能查阅电子装接的工艺规范，并能正确使用工具按照规范独立装接电子线路。

5．能规范使用仪器仪表测试元器件的性能及电子线路的功能。

建议课时

40 课时

任务描述

实验室工作台上的电源单元需要一个直流可调电源，要求输出电压范围为 2 ~ 30 V，输出电流为 1 A。现需要电工组根据原理图领取、核对、检测、筛选元器件，并按工艺对该电路进行安装、调试，交付相关人员验收。LM317 组成的稳压电源如图 3—0—1 所示。

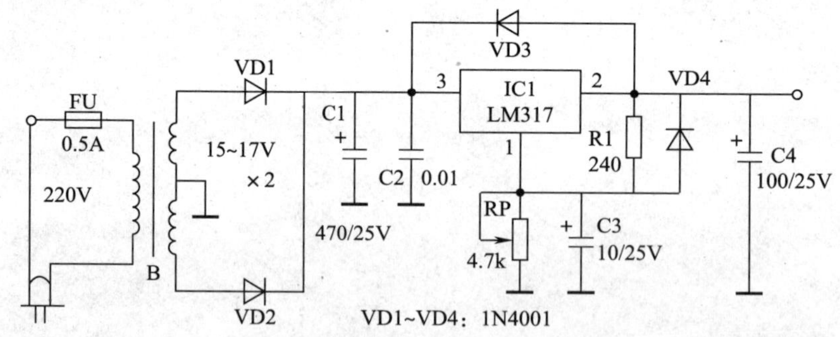

图 3—0—1　LM317 组成的稳压电源

工作流程与活动

学习活动 1　单电源可调稳压电源的线路分析

学习活动 2　线路的安装与调试

学习活动1　单电源可调稳压电源的线路分析

学习目标

1. 能简述单元电路功能及其使用方法。
2. 能识别基本电子元器件，识读原理图。

知识准备

一、电位器的应用

电位器是一种可调电阻器，对外有三个引出端，其中两个为固定端，一个为滑动端（也称中心抽头）。滑动端在两个固定端之间的电阻体上做机械运动，使其与固定端之间的电阻发生变化。电位器外形如图3—1—1所示。

图3—1—1　电位器

电位器按接触方式及材料可分为接触式（线绕、实芯、膜式）和非接触式（光电、磁敏）电位器；按结构特点可分为单圈、多圈、单联、双联、带开关、锁紧和非锁紧电位器；按调节方式可分为旋转式和直滑式电位器。

1. 电位器的型号命名

电位器的型号命名与电阻器类似。第一部分为主称（用字母W表示电位器），第二部分为材料，第三部分为分类，第四部分为序号。

2. 电位器的主要技术参数

电位器除了和电阻器一样有标称电阻、额定功率、精度等级等技术参数外，还有阻值变化规律。带开关的电位器还有开关电压及载流量的限值。

3. 电位器的选用原则

（1）根据电路实际要求，选择合适的型号。在一般电路中或使用环境较好的场合，如在室内工作的收录机，VCD设备中的音量、音调控制用电位器，均可使用碳膜电位器，规格全、价格低。如需要做精密调节，且损耗功率较大，可选用线绕电位器。在工作频率较高的电路中，应选用玻璃釉电位器。

（2）根据用途选择电位器的阻值变化特性。

（3）选用电位器时，还应注意尺寸大小和旋转轴柄的长度、轴端样式和轴上是否需要锁紧装置等。经常需要调节的电位器，应选择轴端铣成平面的，以便安装旋钮；不需经常调节的，可选用轴端带有刻槽的，调整好后不再经常转动。收音机中的音量控制电位器，一般选用带开关的电位器。

（4）电位器的转轴应放置灵活，松紧适当，无机械噪声。

二、三端稳压器 LM317

1. 主要功能

可调三端集成稳压器 LM317：集成三端稳压器 LM317 是美国国家半导体公司的三端可调正稳压器集成电路。

（1）LM317 的输出电压范围是 1.2～37 V，负载电流最大为 1.5 A。它的使用非常简单，仅需两个外接电阻来设置输出电压。此外，它的线性调整率和负载调整率也比标准的固定稳压器好。

（2）LM317 内置有过载保护、安全区保护等多种保护电路。通常 LM317 不需要外接电容，除非输入滤波电容到 LM317 输入端的连线超过 6 in（约 15 cm）。使用输出电容能改变瞬态响应。调整端使用滤波电容能得到比标准三端稳压器高得多的纹波抑制比。

（3）LM317 有许多特殊的用法，比如把调整端悬浮到一个较高的电压上，可以用来调节高达数百伏的电压，只要输入输出压差不超过 LM317 的极限即可。还要避免输出端短路。还可以把调整端接到一个可编程电压上，实现可编程的电源输出。

（4）特性简介

可调整输出电压低至 1.2 V；保证 1.5 A 输出电流；典型线性调整率 0.01%；典型负载调整率 0.1%；80 dB 纹波抑制比；输出短路保护；过流、过热保护；调整管安全工作区保护；标准三端晶体管封装。

其封装形式如图 3—1—2 所示。

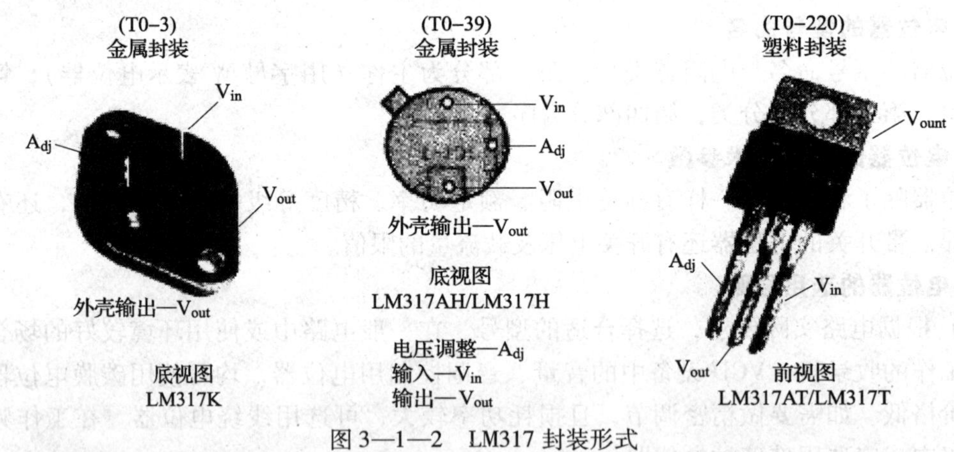

图 3—1—2　LM317 封装形式

2. 典型应用

LM317 的输入最高电压大于 30 V，输出电压为 1.5～32 V，电流 1.5 A。不过在使用时要注意功耗问题和散热问题。LM317 有三个引脚，一个为输入，一个为输出，一个为电压调节。输入引脚输入正电压，输出引脚接负载，电压调节引脚分为两路，一个引脚接电阻（200 Ω 左右）到输出引脚，另一个接可调电阻（几千欧左右）到地。输入和输出引脚对地要接滤波电容。

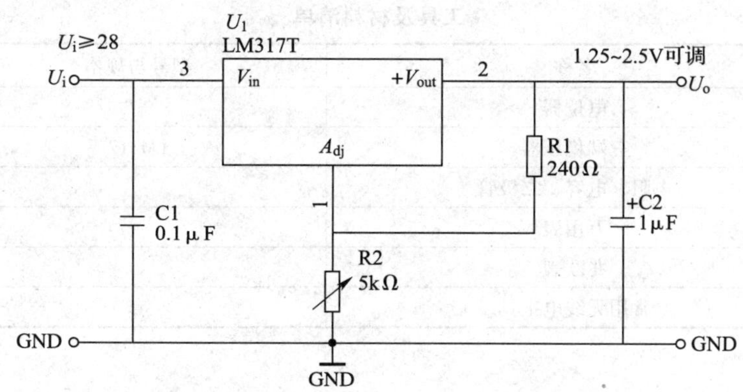

图 3—1—3　三端稳压器 LM317 典型应用

1、2 脚之间为 1.25 V 电压基准。为保证稳压器的输出性能，R1 阻值应小于 240 Ω。改变 R2 阻值即可调整稳压电压值。

$$U_o = (1 + R_2/R_1) \times 1.25$$

317 系列稳压块的型号很多，如 LM317HVH、W317L 等。作为稳压电源的输出电压计算公式，R1 和 R2 的阻值是不能随意设定的。首先，317 稳压块的输出电压变化范围是 $U_o = 1.25 \sim 37$ V（高输出电压的 317 稳压块如 LM317HVA、LM317HVK 等，其输出电压变化范围是 $U_o = 1.25 \sim 45$ V），所以 R_2/R_1 的比值范围只能是 0 ~ 28.6。其次，317 稳压块都有一个最小稳定工作电流，有的资料称为最小输出电流，也有的资料称为最小泄放电流。最小稳定工作电流的值一般为 1.5 ~ 5 mA。当 317 稳压块的输出电流小于其最小稳定工作电流时，317 稳压块就不能正常工作。当 317 稳压块的输出电流大于其最小稳定工作电流时，317 稳压块就可以输出稳定的直流电压。如果用 317 稳压块制作稳压电源，但未注意 317 稳压块的最小稳定工作电流，那么稳压电源可能出现不正常现象，即稳压电源输出的有载电压和空载电压差别较大。

使 317 稳压块稳定工作的措施是保证 $U_o/(R_1 + R_2) = 1.5 \sim 5$ mA，R_2/R_1 的值为 0 ~ 28.6。

任务实施

电子元器件的检测

一、实训目的

1. 能检测三端稳压器 LM317 的好坏和极性。
2. 能进行电位器测量与质量判别。

二、主要实训器材的认识

工具及材料清单见表 3—1—1。

表 3—1—1　　工具及材料清单

序号	名称	型号与规格	数量
1	电位器		若干
2	三端稳压器	LM317	若干
3	电阻、电容、二极管		若干
4	万用表		1
5	兆欧表		1
6	常用无线电工具	套	1

三、实训内容

1. 电位器的测量与质量判别

电位器的测量与质量判别见表 3—1—2。

表 3—1—2　　电位器的测量与质量判别

项目	作业图	操作步骤及说明	相关知识及要点
电位器的识别和检测	4 3 2 1 1—焊片 1　2—焊片 2 3—焊片 3　4—接地焊片	从外观上识别电位器，首先要检查引出端子是否松动；转动旋柄时应感觉平滑，不应有过紧或过松现象；开关是否灵活，开关通断时“咯哒”声是否清脆；此外，听一听电位器内部接触点和电阻体摩擦的声音，如有“沙沙”声，说明质量不好	电位器的识别
		测量电位器阻值时，用万用表合适的电阻挡测量电位器两定片之间的阻值，其读数应为电位器的标称阻值	如万用表的指针不动或阻值相差很多，则表明该电位器已损坏
		检查电位器的动片与电阻体的接触是否良好。用万用表笔接电位器的动片和任一定片，并反复缓慢地旋转电位器的旋钮，观察万用表的指针是否连续、均匀地变化，其阻值应在 0 Ω 到标称阻值之间连续变化，如果变化不连续（跳动）或变化过程中电阻值不稳定，则说明电位器接触不良	测量过程中如万用表指针平稳移动而无跌落、跳跃或抖动等现象，则说明电位器正常

续表

项目	作业图	操作步骤及说明	相关知识及要点
电位器的识别和检测		检查电位器各引脚与外壳及旋转轴之间的电阻值，观察是否为正常的∞，若不是则说明有漏电现象	检查电位器的电源开关是否起作用，接触是否良好

2．三端稳压器 LM317 的检测

LM317 的图片如图 3—1—4 所示。分别用万用表的欧姆挡中的 $R\times10$ k 挡正、反向测量稳压器的控制端和输出端，用万用表的红表笔接控制端，黑表笔接输出端，则正向电阻应在 32 ~ 36 kΩ 范围内，而反向电阻应在 0.3 ~ 0.5 MΩ 范围内。

图 3—1—4　三端稳压器 LM317

用万用表 $R\times1$ k 挡的欧姆挡正、反向测量稳压器的输出端和输入端，用红表笔接输出端，黑表笔接输入端，则正向电阻应在 15 ~ 19 kΩ 范围内，而反向电阻应在 6 ~ 8 kΩ 范围内。

用万用表 $R\times10$ k 挡的欧姆挡正、反向测量稳压器的控制端和输入端，用红表笔接控制端，黑表笔接输入端，则正向电阻应在 98 ~ 101 kΩ 范围内，而反向电阻应在 40 kΩ 左右。

学习活动 2　线路的安装与调试

学习目标

1．能够使用工具装接电子线路。
2．能规范使用仪器仪表测试元器件的性能及电子线路的功能。
3．能查阅电子装接的工艺规范，并能按照规范独立装接电子线路。
4．能正确运用仪器仪表对装接后的电子线路进行测试，正确记录测试结果。

知识准备

LM317 组成的稳压电源如图 3—2—1 所示。

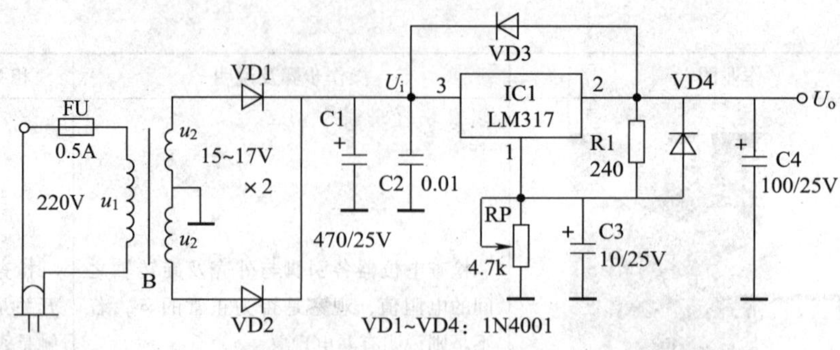

图 3—2—1　LM317 组成的稳压电源

220 V 交流电压经变压器降压后，次级输出 15 V×2 低压交流电压，经二极管 VD1、VD2 进行全波整流和电容 C1、C2 电容滤波。

LM317 为三端可调式正电压输出集成稳压器，其输出端 2 与调整端 1 之间为固定不可变的基准电压 1.25 V（在 LM317 内部）。输出电压 U_O 由电阻 R1 和 RP 的阻值决定，U_O = 1.25 V×（1 + RP 阻值/R_1阻值），改变 RP 的阻值，可以调节输出电压的大小。C2 用来抑制高频干扰。C3 用来克服 LM317 在深度负反馈工作时可能产生的自激振荡，同时改善稳压电源的纹波抑制特性，进一步减小输出电压中的纹波分量，并使输出电压的波动直接反馈至稳压器的调整端。C4 用来提高稳压器纹波抑制比，兼有防止自激振荡的作用。VD3、VD4 是保护二极管，在正常工作时，保护二极管 VD3、VD4 都处于截止状态。

一旦输入端对地短路，则输出电容 C4 两端的电压将作为集成电路的反向电压加于 U_o 与 U_i之间。从内电路分析我们知道，当这个反向电压大于 0.7 V 时就会损坏稳压器，有了 VD3 就可以在输入端电压低于输出端时，使 $U_o - U_i$箝位在 0.7 V。VD4 可防止在输出或输入端短路时，C3 通过调整端对集成稳压块放电。

电源变压器应大于 15 W，RP 最好选用多圈精密电位器，其余元件无特殊要求。

知识拓展

印制电路板的制作

一、印制电路板的制作准备

印制电路板也称印刷板，通常简称印制板或 PCB。各种电子产品都是由形形色色的电子元器件组成，而这些元器件的载体和相互连接所依靠的正是印制电路板。熟悉印制电路板基本知识，掌握其制作及加工工艺，是学习电子产品整机装配工艺技术的基本要求。

1. 印制电路板概述

（1）印制指采用某种方法，在一个表面上再现图形和符号的工艺，它包含通常意义的印刷。

（2）印制线路指采用印制法在基板上制成的导电图形，包括印制导线、焊盘等。

（3）印制元件指采用印制法在基板上制成的电路元件，如电感、电容等。

（4）印制电路指采用印制法得到的电路，它包括印制线路的印制元件，或由两者组合成的电路。

（5）敷铜板是由绝缘基板和粘贴在上面的铜箔构成，是用减成法制造印制电路板的原料。

（6）印制电路板指完成了印制电路或印制线路加工的板子。

（7）印制电路板组件指安装了元器件或其他部件的印制板部件。

2. 印制板分类

常见的印制板按其结构可分为：单面板、双面板和多层板。单面板指仅一面上有导电图形的印制板。双面板指两面都有导电图形的印制板。多层板指有 3 层或 3 层以上导电图形和绝缘材料层压合成的印制板。

按力学性能又可分为刚性和柔性两种印制板。柔性印制板又称软性印制板或挠性印制板，是以软层状塑料或其他软质绝缘材料为基板制成的印制板，具有能折叠、弯曲、自身可端接，以及三维空间排列等特点。该印制电路板在计算机、自动化仪表、通信设备中应用日益广泛。

3. 覆铜板

覆铜板是用腐蚀铜箔法（减成法）制作印制电路的主要材料。所谓覆铜板就是把一定厚度的铜箔通过黏结剂热压在一定厚度的绝缘基板上。它的分类、用途和特点见表 3—2—1。

表 3—2—1　　覆铜板的分类、用途和特点

分类	类型	用途和特点
根据材料分类	覆铜箔酚醛纸层压板	用于一般无线电及电子设备中。它价格低廉、易吸水，在恶劣的环境下不宜使用
	覆铜箔酚醛玻璃布层压板	用于温度、频率较高的电子及电子设备中。它价格适中，可达到满意的电气性能和机械性能要求
	覆铜箔环氧玻璃布层压板	它是孔金属化印制板常用的材料，具有较好的冲剪、钻孔性能，且基板透明度好，是电气性能和机械性能较好的材料，但价格较高
	覆铜箔聚四氟乙烯层压板	它具有良好的抗热性能和电气性能，用于耐高压的电子设备中
根据导电图形的层数划分	单面板	单面板一般由一面敷铜的绝缘板组成，其结构如图 3—2—2a 所示。一般包括“焊接面”和元件面的丝印层两大部分

续表

<table>
<tr><th>分类</th><th>类型</th><th>用途和特点</th></tr>
<tr><td rowspan="2">根据导电图形的层数划分</td><td>双面板</td><td>双面板是由两面敷铜的绝缘板组成，其结构如图 3—2—2b 所示，它包括底层（焊接面）和顶层（元件面）。由于可以两面走线，所以布线相对容易，价格适中，应用较为广泛</td></tr>
<tr><td>多层板</td><td>多层板是由数层绝缘板和数层导电铜膜压合而成，除了顶层和低层之外，还包括中间层、内部电源层和接地层。在多层板中，导电层的数目一般为 4、6、8、10 等，它布线容易，但制作工艺复杂，产品合格率相对较低，生产成本高，主要适用于复杂的高密度布线场合。一个典型的 4 层印制电路板结构图如图 3—2—2c 所示

图 3—2—2　各种印制电路板的结构图
a）单面结构图　b）双面结构图　c）4 层印制电路板的结构图</td></tr>
</table>

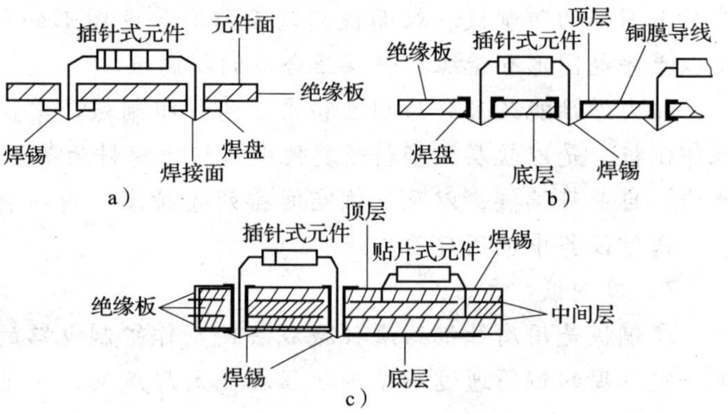

4. 印制电路板的制作工艺

(1) 制作过程中的基本环节

印制板的制造工艺随印制板的类型和要求的不同而不同，但在不同的工艺流程中，必须具有以下基本环节。

基本操作步骤描述：绘制照相底图→照相制版→图形转移→蚀刻→金属化孔→金属涂敷标→涂敷助焊剂与阻焊剂。

制作过程中的基本环节如图 3—2—3 所示。

(2) 制造板的生产工艺

1) 单面板生产流程。生产流程为：覆铜板下料→表面去油处理→上胶→曝光→显影→固膜→修版→蚀刻→去保护膜→钻孔→成型→表面涂敷助焊剂和阻焊剂→检验。

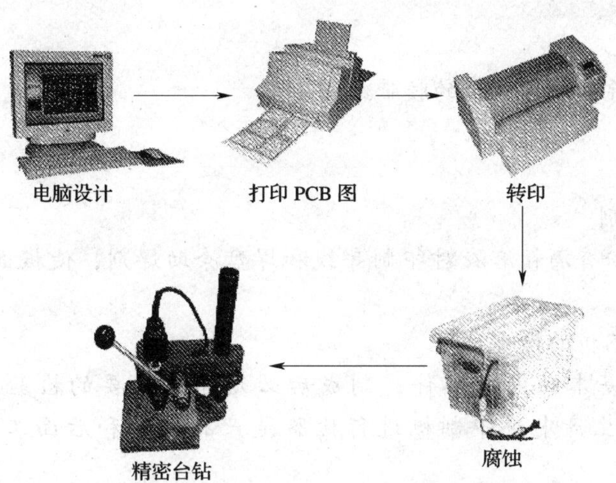

图 3—2—3　制作印制电路板的基本环节

2）双面板生产流程。生产流程为：下料→钻孔→化学沉铜→电镀铜加厚（不到预定的厚度）→贴干膜→图形转移（曝光\显影）→二次电镀加厚→镀铅锡合金→去保护膜→腐蚀→镀金（插头部分）→成型热烙→印制助焊剂、阻焊剂及文字符号→检验。

二、印制电路板的制作步骤

手工制作印制板：在样机尚未定型的试制阶段或在课程设计中，经常需要手工制作印制板，因此，掌握手工自制印制板方法很有必要。手工制作有漆图法、贴图法、铜箔粘贴法。常用的贴图法的操作步骤如下：

基本操作步骤描述：下料→拓图→贴图→腐蚀→揭膜→金属涂敷标→打孔→涂助焊剂。

（1）下料

按实际设计尺寸裁剪覆铜板，四周去毛刺。

（2）拓图

用复写纸将已设计的印制板布线草图拓在干净的覆铜板的铜铂面上。注意草图拓图时的正反面，印制导线用单线表示，焊盘用小圆点表示。拓双面板时，板与草图至少有三个以上的定位孔。

（3）贴图

用透明胶带纸覆盖在铜铂面，用刻刀和尺子去除拓图后留在铜箔面的图形以外的胶带纸。注意留下导线宽度以及焊盘大小尺寸，防止焊盘过小而在钻孔时使焊盘位置消失，同时压紧留下的胶带纸。

（4）腐蚀

腐蚀液一般用三氯化铁水溶液，其质量分数为 30% ~40%，温度适当，并用排笔轻轻刷扫，以加快腐蚀速度。待全部腐蚀后，用清水清洗。

(5) 揭膜

将留在印制导线和焊盘上的胶带纸揭去。

(6) 清洁。

(7) 打孔。

(8) 涂助焊剂

用已配好的松香酒精溶液对印制导线和焊盘涂助焊剂，使板面得到保护，并提高可焊性。

三、印制电路板的检查

印制板作为基本的电子部件，制成后必须通过必要的检验才能进入装配工序，尤其是批量生产中对印制板进行检验是产品质量和后面工序顺利进行的重要保证。

1. 目视检验

目视检验简单易行，借助简单工具如直尺、卡尺、放大镜等，对要求不高的印制板可以进行质量把关。主要检验内容如下：

(1) 外形尺寸与厚度是否在要求的范围内，特别是与插座导轨配合的尺寸。

(2) 导电图形是否完整和清晰，有无短路、断路和毛刺等。

(3) 表面质量：有无凹痕、划伤、针孔及表面粗糙。

(4) 焊盘孔及其他孔的位置及孔径是否符合要求，有无漏钻或钻偏。

(5) 镀层质量：镀层是否平整光亮，有无凸起缺损。

(6) 涂层质量：阻焊剂是否均匀牢固，位置是否准确。助焊剂是否均匀。

(7) 板面是否平直，有无明显翘曲。

(8) 字符标记是否清晰、干净，有无渗透、划伤和断线。

2. 连通性检验

使用万用表对导电图形连通性能进行检测，重点是双面板的金属化孔和多层板的连通性能。

3. 绝缘性检验

检测同一层不同导线之间或不同层导线之间的绝缘电阻以确认印制板的绝缘性能。检测时应在一定温度和湿度下按印制板标准进行。

4. 可焊性检验

检验焊料对导电图形润湿性能。

5. 镀层附着力检验

检验镀层附着力可采用胶带试验法。将质量好的透明胶带粘到要测试的镀层上，按压均匀后快速掀起胶带一端扯下，镀层无脱落为合格。此外还有铜箔抗剥强度、镀层成分、金属化孔抗拉强度等多种指标，可根据印制板的要求选择检测内容。

任务实施

一、实训目的

1. 能正确安装稳压电源（单电源可调型）。
2. 能正确测量稳压电源电路参数。

二、主要实训器材的认识

工具及材料清单见表 3—2—2。

表 3—2—2　　工具及材料清单

序号	代号与名称		规格	数量
1	电源变压器 T		带中心抽头 220 V/15 V	1
2	整流二极管 VD1 ~ VD4		1N4004	4
3	电容器	C1	电解 470 μF/25 V	1
4		C2	0.01 μF	1
5		C3	电解 10 μF/25 V	1
6		C4	电解 100 μF/25 V	1
7	电位器 RP1		4.7 k	1
8	集成稳压器	LM317		1
9	实验板			1
10	通用示波器		台	1
11	常用无线电工具		套	1

三、实训内容

1. 单电源可调型稳压电源的安装

按照焊接操作的基本工艺要求焊接电路。焊接完成后，对电路的装接质量进行自检，重点是装配的准确性，包括元件位置，电源变压器的一次侧、二次侧绕组接线及绝缘恢复等；焊点质量应无虚焊、假焊、漏焊，空隙、毛刺等；没有其他影响安全性指标的缺陷；做好元件整形。

2. 单电源可调型稳压电源的调试

元器件安装完毕，一定要认真检查，切忌贸然通电！

检查时，先用目测，即仔细查看有无错接、虚焊之处；再用万用表检测，用万用表检测时，先测量变压器初级两端（即电源插头两导体间）的直流电阻；再分别测量各电压输出端与“地”之间的直流电阻。如电阻为 0 表明电路有故障，不能通电。

通电后，注意观察有无异常现象发生，如冒烟、有烧焦气味、元器件发热烫手等。如发现异常现象，立即拉断电源，然后查找故障。若无异常现象，就可用万用表按下列步骤测量电压：

1）测量变压器的次级交流电压 u_2。

2）测量输出 U_o 对“地”的直流电压。

3. 单电源可调型稳压电源电路各关键点参数的测量

1）稳压电源输出电压的调节。保持交流电源电压为 16 V 不变，调节 RP_1 的阻值分别为最大和最小，测量输出电压 U_o 的调节范围，将数据记入表 3—2—3。输出电压也可根据 $U_o \approx 1.25\left(1+\frac{RP_1}{R_1}\right)$ 进行估算。

表 3—2—3　　输出电压测试记录

调节 RP_1		阻值最大	阻值最小
输出电压 U_o	测量值		
	计算值		

2）输入电压对稳压电源的影响。调整自耦变压器，使电源电压为 220 V，电路输出的电压为 $U_o = 12$ V。

调整自耦变压器，使电源电压变化 ±10%（198 V ~ 242 V）时，测出相应的输出电压 U'_o，将测量结果填入表 3—2—4。计算输出电压的变化量及电压调整率。

表 3—2—4　　输入电压对输出电压的影响情况记录

额定输出电压 U_o/V	12	
电源电压波动 ±10%/V	198	242
输出电压 U'_o/V		
输出电压的变化量（$\Delta U_o = U'_o - U_o$）/V		
电压调整率 $K_U = \frac{\lvert \Delta U_o \rvert}{U_o}$		

3）断开开关 S，空载时将输出电压调至 12 V。

4）负载对稳压电源的影响。接通天关 S，将稳压电源接入负载，调节 RP_2，使负载电流 I_o 分别为 20 mA、40、60、80，测量对应的输出电压 U_o，并将测量结果填入表 3—2—5。并根据测量数据计算输出电阻 r_o。

表 3—2—5　　负载对输出电压的影响情况记录

I_o/mA	0	20	40	60	80
输出电压 U_o/V	12				
输出电阻 $r_0 = \frac{\Delta U_o}{\Delta I_o}$					

4. 技能训练成绩评定表（表 3—2—6）

表 3—2—6　　技能训练成绩评定表

<table>
<tr><th rowspan="2" colspan="2">评价项目</th><th rowspan="2">评价标准</th><th rowspan="2">分值</th><th colspan="3">评分</th></tr>
<tr><th>自我评价</th><th>小组评价</th><th>教师评价</th></tr>
<tr><td rowspan="3">装配</td><td>布线</td><td>1. 布局合理、紧凑
2. 导线横平、竖直，转角成直角，无交叉
3. 元件间连接关系和电路原理图一致</td><td>20 分</td><td></td><td></td><td></td></tr>
<tr><td>插件</td><td>1. 电阻器、二极管水平安装，贴近电路板
2. 元件安装平整、对称
3. 按图装配，元件的位置、极性正确</td><td>20 分</td><td></td><td></td><td></td></tr>
<tr><td>焊接</td><td>1. 焊点光亮、清洁、焊料适量
2. 布线平直
3. 无漏焊、虚焊、假焊、搭焊等现象
4. 焊接后元件引脚剪脚留头长度小于 1 mm</td><td>20 分</td><td></td><td></td><td></td></tr>
<tr><td rowspan="2">测试</td><td>总装</td><td>1. 总装符合工艺要求
2. 导线连接正确，绝缘恢复良好
3. 不损伤绝缘层和元器件表面涂敷层
4. 紧固件牢固可靠</td><td>10 分</td><td></td><td></td><td></td></tr>
<tr><td>测试</td><td>1. 按测试要求和步骤正确测量
2. 正确使用万用表
3. 正确使用示波器观察波形</td><td>20 分</td><td></td><td></td><td></td></tr>
<tr><td>安全、文明</td><td colspan="2">1. 安全用电，不人为损坏元器件、加工件和设备等
2. 保持工作环境整洁、秩序井然，操作习惯良好</td><td>10 分</td><td></td><td></td><td></td></tr>
<tr><td colspan="4">合计</td><td></td><td></td><td></td></tr>
</table>

四、综合评价

评价考核分四个等级：A（100 ~ 90）、B（89 ~ 75）、C（74 ~ 60）、D（59 ~ 0）。综合评价表见表 3—2—7。

表 3—2—7　　综合评价表

<table>
<tr><th rowspan="2">项目名称</th><th rowspan="2">评价内容</th><th rowspan="2">配分</th><th colspan="3">评价分数</th></tr>
<tr><th>自评</th><th>互评</th><th>师评</th></tr>
<tr><td rowspan="6">职业素养考核项目（40%）</td><td>劳动保护用品穿戴整洁</td><td>6 分</td><td></td><td></td><td></td></tr>
<tr><td>安全意识、责任意识、服从意识</td><td>6 分</td><td></td><td></td><td></td></tr>
<tr><td>积极参加教学活动，按时完成学生工作页</td><td>10 分</td><td></td><td></td><td></td></tr>
<tr><td>团队合作、与人交流能力</td><td>6 分</td><td></td><td></td><td></td></tr>
<tr><td>劳动纪律</td><td>6 分</td><td></td><td></td><td></td></tr>
<tr><td>生产现场管理 6S 标准</td><td>6 分</td><td></td><td></td><td></td></tr>
</table>

续表

项目名称	评价内容	配分	评价分数		
			自评	互评	师评
专业能力 考核项目 （60%）	专业知识查找及时、准确	12分			
	操作符合规范	18分			
	操作熟练，工作效率高	12分			
	成品的验收质量高	18分			
总　分					
总评	自评（20%）+互评（20%）+教师评（60%）	综合等级	教师（签名）：		

任务四　变音门铃的安装与调试

学习目标

1．能描述变音门铃电路的功能。

2．能正确分析变音门铃电路原理图的工作原理。

3．能根据原理图列举元器件清单，领取、核对、检测和筛选元器件。

4．能按图样、工艺要求、安全规范对电路进行安装。

5．能正确使用仪表进行测试检查，验证电路安装的正确性，能按照技术参数要求进行电路调试。

建议课时

40 课时

任务描述

家庭的防盗门需要一个能变音的门铃，要求使用 555 集成时基电路，每按动一次按钮，电路即起振，振荡频率落入音频范围，电路扬声器就发出一次“叮咚”响声。现需要电工组根据原理图领取、核对、检测、筛选元器件，并按工艺要求对该电路进行安装和调试。

工作流程与活动

学习活动 1　电子元件的认识

学习活动 2　线路的安装与调试

学习活动 1　电子元件的认识

学习目标

1．能识别基本电子元器件。

2．能正确检测电子元器件。

知识准备

一、555 定时器的应用

1. 基本组成

常用的 555 集成定时器有 TTL 定时器和 CMOS 定时器两种类型，两者的工作原理基本相同。如图 4—1—1 所示为 CMOS 定时器 CC7555，它由电阻分压器、两个电压比较器 A、B 和基本 RS 触发器、放电管 V 以及输出缓冲门 G5、G6 组成。

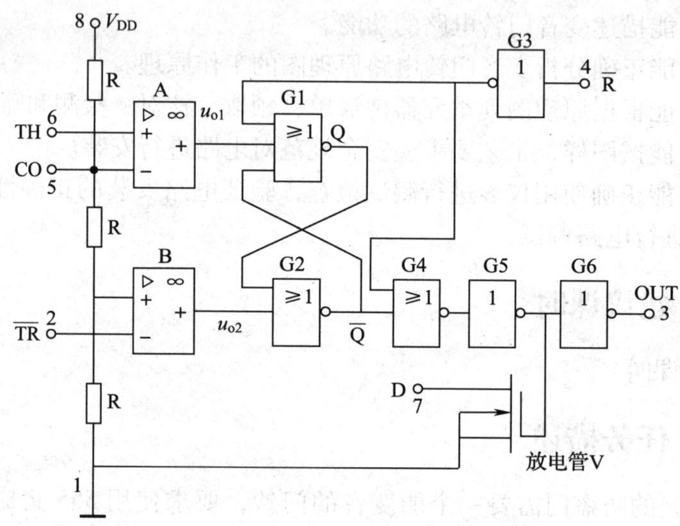

图 4—1—1　555 集成定时器 CC7555

（1）电阻分压器

电阻分压器由三个阻值相同的电阻（R）串联而成。由于集成运放具有高输入阻抗的特点，当 CO 端不施加电压时，$U_{CO}=\frac{2}{3}V_{DD}$，运放 B 的“+”端电压为$\frac{1}{3}V_{DD}$。

（2）电压比较器

定时器的主要功能取决于集成运放 A、B 组成的比较器。比较器的输出直接控制基本 RS 触发器和放电管 V 的状态。比较器输出与输入之间的关系为：

$$U_{TH}>\frac{2}{3}V_{DD},\ u_{o1}=1$$

$$U_{TH}<\frac{2}{3}V_{DD},\ u_{o1}=0$$

$$U_{\overline{TR}}>\frac{1}{3}V_{DD},\ u_{o2}=0$$

$$U_{\overline{TR}}<\frac{1}{3}V_{DD},\ u_{o2}=1$$

式中 TH 为阈值输入端，$\overline{TR}$为触发输入端。

（3）基本 RS 触发器

基本 RS 触发器由或非门 G1、G2 组成。$\overline{R}$ 是外部复位端，低电平有效。当 $\overline{R}=0$ 时，$Q=0$，基本 RS 触发器不管比较器的输出如何而强制复位；当 $\overline{R}=1$ 时，定时器工作，基本 RS 触发器状态取决于比较器的输出。

（4）放电管 V 和输出缓冲级

放电管为 N 沟道增强型 MOS 管。当 G5 开通时，V 截止，D 端与地断开；当 G5 关闭时，V 导通，D 端与地接通。

G5、G6 组成输出缓冲级，其作用是提高定时器的带负载能力，同时隔离负载对定时器的影响。

2. 555 定时器的基本特性和主要功能

555 定时器的基本功能见表 4—1—1。

表 4—1—1　　定时器的基本功能表

输入			输出			
U_{TH}	$U_{\overline{TR}}$	$\overline{R}$	Q	$\overline{Q}$	OUT	放电管 V
×	×	0	0	×	0	导通
$<\frac{2}{3}V_{DD}$	$<\frac{1}{3}V_{DD}$	1	1	0	1	截止
$>\frac{2}{3}V_{DD}$	$>\frac{1}{3}V_{DD}$	1	0	1	0	导通
$>\frac{2}{3}V_{DD}$	$<\frac{1}{3}V_{DD}$	1	1	0	1	截止
$<\frac{2}{3}V_{DD}$	$>\frac{1}{3}V_{DD}$	1	原态	原态	原态	原态

上述讨论是在 CO 端悬空的条件下进行的。如果 CO 端施加一外加电压（其值在 $0\sim V_{DD}$ 之间），比较器的参考电压将发生变化，电路的阈值、触发电平也将随之改变。

555 定时器可做成单稳态触发器、多谐振荡器和施密特触发器等。

二、扬声器的应用

扬声器又称喇叭，它将模拟的话音电信号转化为声波，是音响、收录机的重要元件，其质量直接影响音质和音响效果。扬声器在电路中用字母“BL”或“B”表示。

1. 扬声器的分类

扬声器的品种较多，有电动式、舌簧式、晶体式和励磁式几种，其外形如图 4—1—2 所示。

图 4—1—2　扬声器

2. 扬声器的工作原理

电动式扬声器由纸盆、音圈、音圈支架、磁铁、盆架等组成。

纸盆是用特制纸浆经模具压制而成，多数为圆锥形，纸盆的中心部分同一可动线圈（音圈）作机械连接。音圈处在扬声器永久磁铁的磁路的磁缝隙之间，音圈导线与磁路磁力线成垂直交叉状态。

当在扬声器音圈中通入一个音频电流信号时，音圈就会受到一个大小与音频电流成正比、方向随音频电流变化而变化的力，从而产生音频振动，带动纸盆振动，迫使周围空气发出声波。

3. 扬声器的符号、主要技术参数

（1）标称阻抗

标称阻抗是制造厂所规定的扬声器（交流）阻抗值。在这个阻抗上扬声器可获得最大的输出功率。选用扬声器时，其标称阻抗一般应与音频功放器的输出阻抗相符。

（2）标称功率

标称功率又称额定功率，是指扬声器能长时间正常工作的允许输入功率。

常用的扬声器的功率有0.1 W、0.25 W、1 W、3 W、5 W、10 W、60 W、120 W等。

（3）谐振频率

谐振频率是指扬声器有效频率范围的下限值，通常扬声器的谐振频率越低，扬声器的低音重放性能就越好。优秀的重低音扬声器的谐振频率多为20 ~ 30 Hz。

（4）频率范围

当给扬声器输入一定音频信号的电功率时，扬声器会输出一定的声音，产生相应的声压。不同的频率在同一距离上产生的声压是不同的。一般来说，扬声器口径越大，下限频率越低。一般低音扬声器的频率范围为0.02 ~ 3 kHz、中音扬声器的频率范围为0.5 ~ 5 kHz、高音扬声器的频率范围为2 ~ 20 kHz。

任务实施

一、实训目的

1. 能正确识别555定时器引脚。
2. 能正确检测扬声器。

二、主要实训器材的认识

工具及材料清单见表4—1—2。

表4—1—2　　工具及材料清单

序号	名称	型号与规格	数量
1	555定时器		1
2	扬声器		1
3	万用表		1
4	常用无线电工具一套		1

三、实训内容

1. 555 定时器引脚识别

555 定时器的外形及其引脚功能如图 4—1—3 所示。

a）

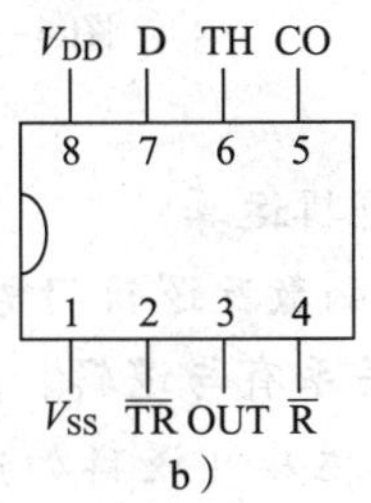

b）

图 4—1—3　555 定时器的外形及其引脚功能

a）外形图　b）引脚图

2. 扬声器的检测

（1）估计阻抗和判断好坏

将万用表置 $R\times1$ 挡，调零后测出扬声器音圈的直流电阻 R，然后用估计公式 $Z=1.17R$ 算出扬声器的阻抗。如测得一无标记的扬声器的直流电阻为 6.8 Ω，则阻抗 $Z=1.17\times6.8\approx8.0$ Ω。一般一只 8 Ω 的扬声器的实测电阻约为 6.5 ~ 7.2 Ω。

（2）判断相位

在制作安装组合音响时，高低音扬声器的相位是不能接反的。判断方法是将万用表置于最低的直流电流挡，如 50 μA，用左手持红、黑表笔分别跨接在扬声器的两引出端，用右手食指尖快速地弹一下纸盒，同时仔细观察指针的摆动方向，若指针向右摆动说明红表笔所接的一端为正极。

知识拓展

一、数字电路的特点

数值上的离散体现在：变量只能是有限集合的一个值，常用 0、1 二元数值表示，如开关位置、数字逻辑。

数字电路的特点：精度高、抗干扰能力强（如：0 V 用“0”表示，+5 V 用“1”表示），结构简单、容易制造，便于集成及系列化生产，可以抽象到系统级、寄存器级、门级、物理级。模拟信号与数字信号如图 4—1—4 所示。

数字电路在日常生活、自动控制、测量仪器、通信等领域得到广泛应用。

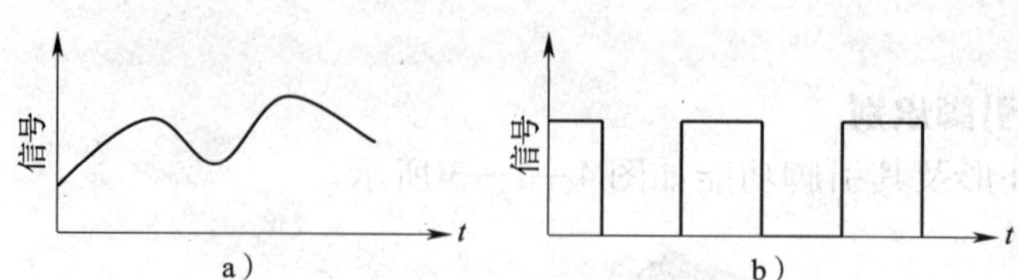

图 4—1—4　模拟信号与数字信号

a）模拟信号　b）数字信号

二、常见的逻辑运算

1．基本逻辑函数及逻辑门电路

基本的逻辑关系有与逻辑、或逻辑和非逻辑三种，与之对应的逻辑运算为与运算（逻辑乘）、或运算（逻辑加）和非运算（逻辑非）。

（1）与逻辑

这种关系可简单表述为：决定某个事件的全部条件都具备时，这个事件一定会发生。这种因果关系称为与逻辑。与逻辑真值表及逻辑图见表 4—1—3。

表 4—1—3　　与逻辑真值表及逻辑图

A	B	Y	输出特点	逻辑图
0	0	0	有 0 出 0	A、B → & → Y
0	1	0		
1	0	0		
1	1	1	全 1 出 1	

逻辑表达式：$Y = A \cdot B$。

（2）或逻辑

这种关系可简单表述为：如果决定某个事件的全部条件中有一个具备时，这个事件就会发生。这种因果关系称为或逻辑。或逻辑真值表及逻辑图见表 4—1—4。

表 4—1—4　　或逻辑真值表及逻辑图

A	B	Y	输出特点	逻辑图
0	0	0	全 0 出 0	A、B → ≥1 → Y
0	1	1	有 1 出 1	
1	0	1		
1	1	1		

逻辑表达式：$Y = A + B$。

（3）非逻辑

非逻辑也叫逻辑反，数字电路中的“反相器”就是实现非逻辑的电子元件，在实际中经常使用。非逻辑真值表及逻辑图见表 4—1—5。

表 4—1—5　　非逻辑真值表及逻辑图

A	Y	输出特点	逻辑图
0	1	0 变 1	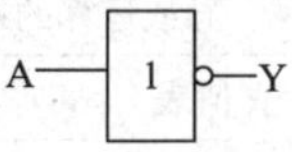 A—[1]○—Y
1	0	1 变 0	

逻辑表达式：$Y=\overline{A}$。

2. 几种导出的逻辑运算

(1) 与非运算、或非运算、与或非运算

与非运算、或非运算、与或非运算的逻辑表达式及逻辑图见表 4—1—6。

表 4—1—6　与非运算、或非运算、与或非运算的逻辑表达式及逻辑图

与非运算		或非运算		与或非运算	
逻辑表达式	$Y=\overline{A\cdot B}$	逻辑表达式	$Y=\overline{A+B}$	逻辑表达式	$Y=\overline{AB+CD}$
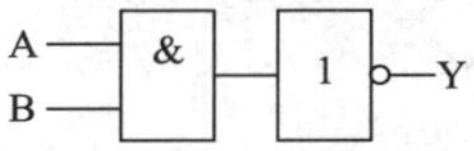 基本逻辑功能组合图		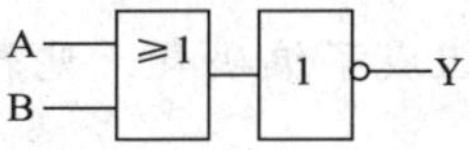 基本逻辑功能组合图		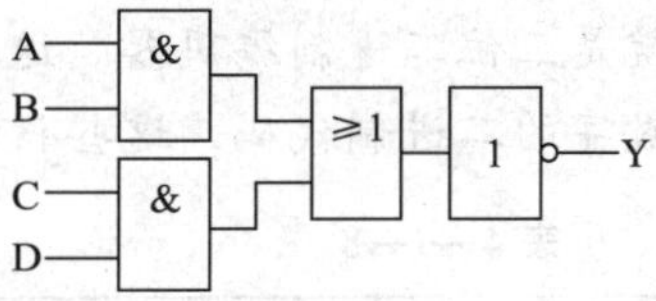 基本逻辑功能组合图	
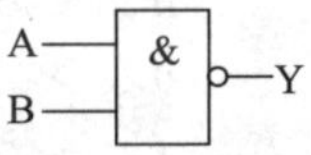 与非逻辑图		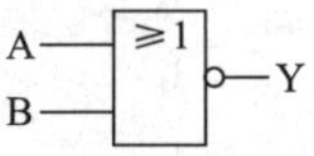 或非逻辑图		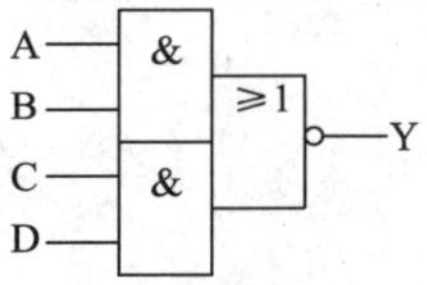 与或非逻辑图	

(2) 异或运算和同或运算

异或运算和同或运算都是二变量逻辑运算。这两种运算在数字信号处理中经常用到。异或运算和同或运算的逻辑表达式及逻辑图见表 4—1—7。

三、编码器和译码器

1. 编码器

把二进制数码 0 和 1 按一定的规律编排成一组组代码，并使每组代码具有一定的含义（如代表某个十进制数），这就叫作编码。能完成编码的数字电路称为编码器。按照输出二进制代码编码方法的不同，编码器分为二进制编码器和十进制编码器。

表 4—1—7 异或运算和同或运算的逻辑表达式及逻辑图

异或运算				同或运算			
异或运算的逻辑式：$Y=A\oplus B$				同或运算的逻辑式：$Y=A\odot B$			
真值表			逻辑图	真值表			逻辑图
A	B	Y		A	B	Y	
0	0	0		0	0	1	
0	1	1	A、B → =1 → Y	0	1	0	A、B → =1 → ○Y
1	0	1		1	0	0	
1	1	0		1	1	1	
相同为 0、不同为 1				相同为 1、不同为 0			

（1）二进制编码器

一个二进制数有两个数码：0 和 1，它可以表示两个信号；n 位二进制代码可以表示 2^n 个不同的信号。将 2^n 个信号进行编码的电路，叫作二进制编码器。例如，三位二进制代码有八种组合，因而可以表示八个信号。将这八个信号进行编码的电路就是三位二进制编码器。这八个信号分别用 0、1……7 来表示。为此，先列出八个数字的二进制代码，这些代码就组成了编码表，见表 4—1—8。

表 4—1—8 三位二进制编码表

十进制数	输入变量	输出		
		Y_2	Y_1	Y_0
0	I_0	0	0	0
1	I_1	0	0	1
2	I_2	0	1	0
3	I_3	0	1	1
4	I_4	1	0	0
5	I_5	1	0	1
6	I_6	1	1	0
7	I_7	1	1	1

由表 4—1—8 可以写出编码输出 Y_2、Y_1、Y_0 的逻辑表达式：

$$Y_0=I_1+I_3+I_5+I_7$$

$$Y_1=I_2+I_3+I_6+I_7$$

$$Y_2=I_4+I_5+I_6+I_7$$

由逻辑表达式就可以画出如图 4—1—5 所示的三位二进制编码器逻辑图。

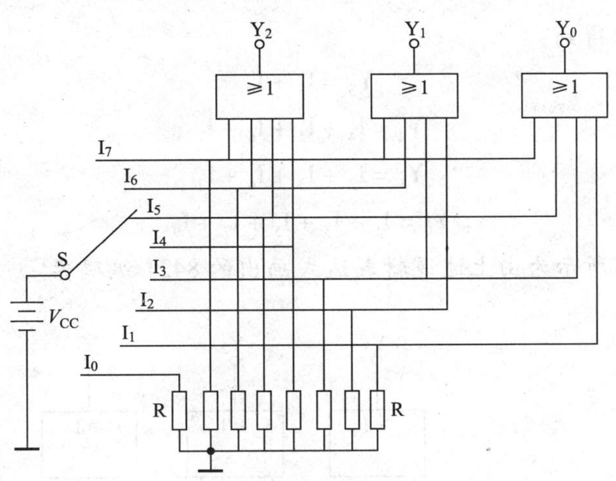

图 4—1—5　三位二进制编码器

例如，对十进制数字“3”进行编码时，S 应接 I_3。输入端 I_3 为高电平，输出端 $Y_0=1$、$Y_1=1$、$Y_2=0$，所以，$Y_2Y_1Y_0=011$，也就是把十进制数字“3”编成了二进制代码 011。又如，当 S 接 I_0 时，$Y_2=Y_1=Y_0=0$，即数字“0”的二进制代码为 000。

三位二进制编码器的输入端有八个，输出端是三个，故集成三位二进制编码器称为 8－3 线编码器，如 LS/HC148、74LS348、CC4532B 等。

（2）二—十进制编码器

将十进制数字 0～9 编成二进制代码的电路称为二—十进制编码器，也称为 BCD 码编码器。要对 0～9 十个数字编码，至少需要四位二进制代码。四位二进制数码有十六种不同的组合，所以，只要从十六种组合中取出十种来表示 0～9 十个数字。这种取法有多种编排方式。常用的是 8421BCD 码。表 4—1—9 列出了 8421BCD 码的编码表。

表 4—1—9　　　8421BCD 码编码表

十进制数	输入变量	输出			
		Y_3	Y_2	Y_1	Y_0
0	I_0	0	0	0	0
1	I_1	0	0	0	1
2	I_2	0	0	1	0
3	I_3	0	0	1	1
4	I_4	0	1	0	0
5	I_5	0	1	0	1
6	I_6	0	1	1	0
7	I_7	0	1	1	1
8	I_8	1	0	0	0
9	I_9	1	0	0	1

由编码表可以得到：

$$Y_3 = I_8 + I_9$$

$$Y_2 = I_4 + I_5 + I_6 + I_7$$

$$Y_1 = I_2 + I_3 + I_6 + I_7$$

$$Y_0 = I_1 + I_3 + I_5 + I_7 + I_9$$

如图 4—1—6 所示为由上述逻辑表达式画出的 8421 编码器。

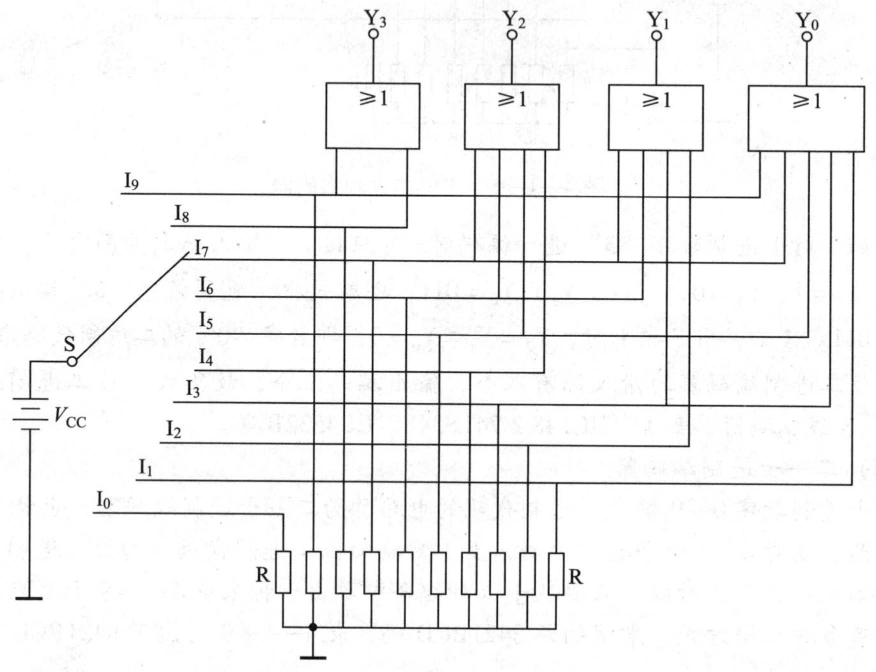

图 4—1—6 8421 编码器

集成 BCD 编码器有 LS/HC147、CC40147、C304 等。

2. 译码器

译码器的功能与编码器相反，它将具有特定含意的二进制代码按其原意“翻译”出来，并转换成相应的输出信号。这个输出信号可以是脉冲，也可以是电位。译码器也叫解码器。译码器按功能划分，通常有二进制译码器、二—十进制译码器和显示译码器三类。

(1) 二进制译码器

二进制译码器的逻辑功能是将二进制代码按其原意“翻译”成相应的输出信号的电路。一组 n 位二进制代码有 2^n 个取值组合，对应的输出信息就应该有 2^n 个。

以集成双 2 – 4 线译码器 CT4139 为例。在这种集成电路的芯片上制作了两个独立的 2 – 4 线译码器，其中一个单元逻辑电路如图 4—1—7 所示。

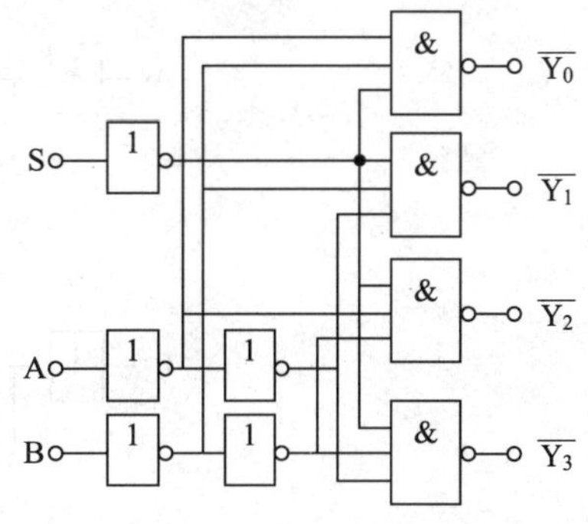

图 4—1—7　2 – 4 线译码器

二位输入变量 A、B 共有四种不同状态的组合，因此，有四个译码器输出信号 $Y_0 \sim Y_3$，该译码器称 2 – 4 线译码器，S 是选通（使能）输入端，低电平有效，即 S = 1 时，不论 A、B 何值，所有的输出端均为 1，译码器处于不工作状态；S = 0 时，对应于 A、B 的某种状态组合，只有一个输出端为 0，其余输出均为 1，见表 4—1—10。

表 4—1—10　　2 – 4 线译码器真值表

S	B	A	$\overline{Y_3}$	$\overline{Y_2}$	$\overline{Y_1}$	$\overline{Y_0}$
1	×	×	1	1	1	1
0	0	0	1	1	1	0
0	0	1	1	1	0	1
0	1	0	1	0	1	1
0	1	1	0	1	1	1

由真值表写出逻辑表达式如下：

$$\overline{Y_0} = \overline{S}\ \overline{B}\overline{A}$$

$$\overline{Y_1} = \overline{S}\ \overline{B}A$$

$$\overline{Y_2} = \overline{S}\ B\ \overline{A}$$

$$\overline{Y_3} = \overline{S}\ BA$$

集成二进制译码器有很多种，如双 2 – 4 线译码器：LS139、CC4556、CC4555 等；3 – 8 线译码器：LS137、LS138、LS231 等；4 – 16 线译码器：C4514、LS154、CC4515 等。

（2）二—十进制译码器

将二—十进制代码译成十进制数码 0 ~ 9 的电路叫作二—十进制译码器。一个二—十进制代码有四位二进制代码，所以，这种译码器有四个输入端、十个输出端，通常也叫作 4 – 10 线译码器。如图 4—1—8 所示是 8421BCD 码译码器逻辑图，输出为低电平译码有效。

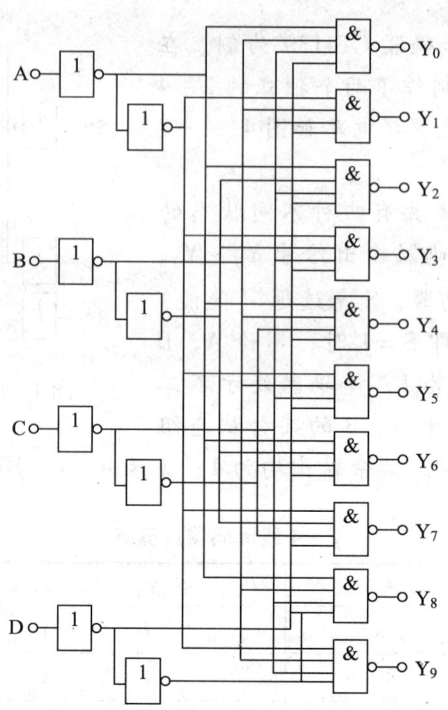

图 4—1—8　译码器逻辑图

由电路可以得到：

$$Y_0=\overline{\overline{D}\,\overline{C}\,\overline{B}\,\overline{A}}\qquad Y_1=\overline{\overline{D}\,\overline{C}\,\overline{B}\,A}$$

$$Y_2=\overline{\overline{D}\,\overline{C}\,B\,\overline{A}}\qquad Y_3=\overline{\overline{D}\,\overline{C}\,B\,A}$$

$$Y_4=\overline{\overline{D}\,C\,\overline{B}\,\overline{A}}\qquad Y_5=\overline{\overline{D}\,C\,\overline{B}\,A}$$

$$Y_6=\overline{\overline{D}\,C\,B\,\overline{A}}\qquad Y_7=\overline{\overline{D}\,C\,B\,A}$$

$$Y_8=\overline{D\,\overline{C}\,\overline{B}\,\overline{A}}\qquad Y_9=\overline{D\,\overline{C}\,\overline{B}\,A}$$

Y0 ~ Y9 就是译码器的输出逻辑表达式。当 DCBA 分别为 0000 ~ 1001 十个 8421BCD 码时，就可以得到译码器的真值表，见表 4—1—11。

表 4—1—11　　8421BCD 码译码器真值

D C B A	Y_0	Y_1	Y_2	Y_3	Y_4	Y_5	Y_6	Y_7	Y_8	Y_9
0 0 0 0	0	1	1	1	1	1	1	1	1	1
0 0 0 1	1	0	1	1	1	1	1	1	1	1
0 0 1 0	1	1	0	1	1	1	1	1	1	1
0 0 1 1	1	1	1	0	1	1	1	1	1	1
0 1 0 0	1	1	1	1	0	1	1	1	1	1

续表

D C B A	Y_0	Y_1	Y_2	Y_3	Y_4	Y_5	Y_6	Y_7	Y_8	Y_9
0 1 0 1	1	1	1	1	1	0	1	1	1	1
0 1 1 0	1	1	1	1	1	1	0	1	1	1
0 1 1 1	1	1	1	1	1	1	1	0	1	1
1 0 0 0	1	1	1	1	1	1	1	1	0	1
1 0 0 1	1	1	1	1	1	1	1	1	1	0

例如，DCBA =0000 时，$Y_0=0$，而 $Y_1=Y_2=\cdots=Y_9=1$，它表示 8421BCD 码“0000”译成的十进制数码为 0。由译码输出逻辑表达式可以看到，译码器除了能把 8421BCD 码译成相应的十进制数码之外，它还能“拒绝伪码”。所谓伪码，是指 1010 ~11116 个码。当输入该 6 个码中任意一个码时，Y0 ~ Y9 均为“1”，即得不到译码输出。这就是拒绝伪码。

集成 8421BCD 码译码器有 74LS42、CC4028B、C301 等。

(3) 显示译码器

在数字系统中，运算、操作的对象主要是二进制数码。人们往往希望把运算或操作的结果用十进制数直观地显示出来，因此数字显示电路是数字系统的一个组成部分。

数字显示器件的种类较多，主要有半导体发光二极管显示器、液晶显示器等。显示的字形是由显示器的各段组合成数字 0 ~ 9，或者其他符号。我国字形管标准为七段字形。七段显示器字形图如图 4—1—9 所示，它有七个能发光的段，当给某些段加上一定的电压或驱动电流时，它就会发光，从而显示出相应的字形。由于各种数码显示管的驱动要求不同，驱动各种数码显示管的译码器也不同。

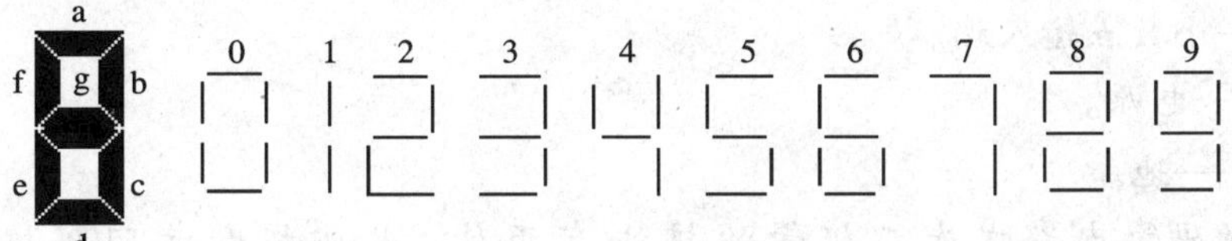

图 4—1—9　七段显示器字形图

1) 常用的数码显示器

①半导体发光二极管显示器 (LED 数字显示器)。发光二极管与普通二极管的主要区别在于它导通时能发光，即外加正向电压时，能发出醒目的光。

发光二极管工作电压为 1.5 ~3 V，工作电流一般取 10 mA/段左右，既保证亮度适中，又不损坏器件。发光二极管工作时要加驱动电路。驱动电路通常用与非门，有低电平驱动和高电平驱动，它们分别如图 4—1—10a、图 4—1—10b 所示。调节 R_S 的阻值可以改变流过发光二极管的电流，从而控制发光二极管的亮度。

LED 数字显示器又称 LED 数码管，它由八段发光二极管封装组成，它们排列成“日”字形，如图 4—1—11 所示。

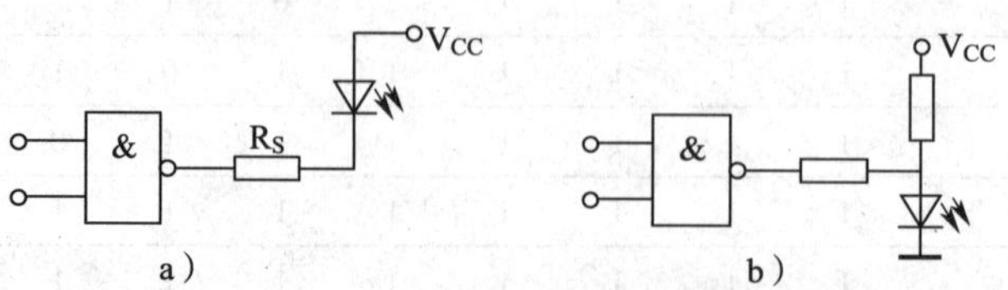

图 4—1—10　发光二极管的驱动电路

a）低电平驱动　b）高电平驱动

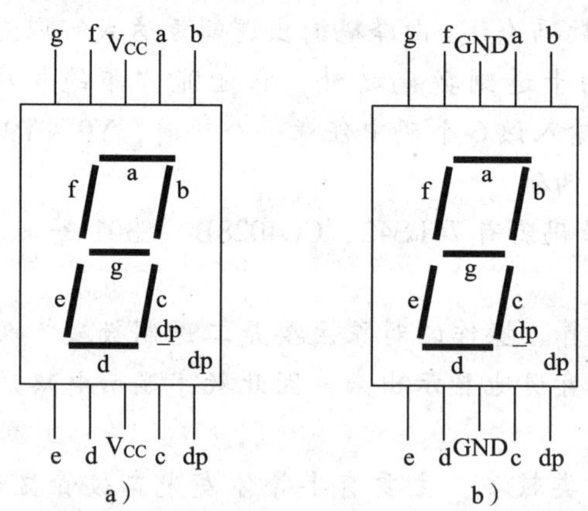

图 4—1—11　LED 数码管

a）共阳极数码管　b）共阴极数码管

LED 数码管各引脚说明：

a、b、c、d、e、f、g——字形七段输入端。

dp——小数点输入端。

V_{CC}——电源。

GND——地。

LED 数码管内部发光二极管的接法有两种：共阳极和共阴极接法，如图 4—1—12a、图 4—1—12b 所示。

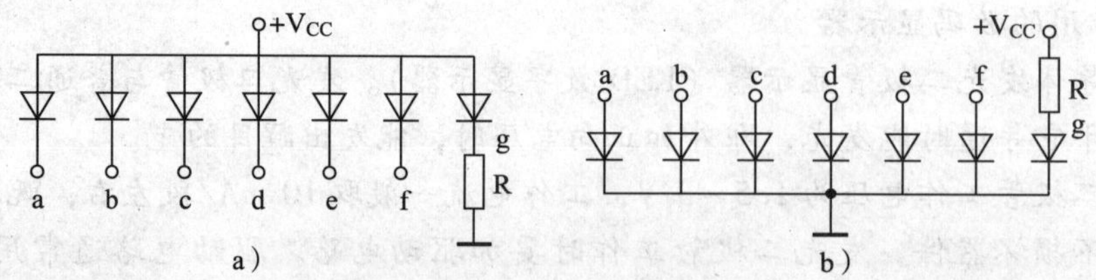

图 4—1—12　LED 数码管内部的接法

a）共阳极接法　b）共阴极接法

共阳极接法是将 LED 显示器中七个发光二极管的阳极共同连接，并接到电源。若要某段发光，该段相应的发光二极管阴极须经限流电阻 R 接低电平。

共阴极接法是将 LED 显示器中七个发光二极管的阴极共同连接，并接地。若要某段发光，该段相应的发光二极管阳极应经限流电阻 R 接高电平。

②液晶显示器。液晶显示器通常简称 LCD。液晶是一种介于固体和液体之间的有机化合物。它和液体一样可以流动，但在不同方向上的光学特性不同，具有显示类似于晶体的性质，故称这类物质为液晶。

液晶显示器是一种新型平板薄型显示器件。液晶显示器本身不发光，它是用电来控制光在显示部位的反射和不反射（光被吸收）而实现显示的。正因为如此，LCD 工作电压低（2～6 V）、功耗小（1 $\mu W/cm^2$ 以下），能与 CMOS 电路匹配。LCD 显示柔和、字迹清晰、体积小、质量轻、可靠性高、寿命长，自 1968 年问世以来，其发展速度之快、应用之广，远远超过了其他发光型显示器件。

2）BCD—七段显示译码器。BCD—七段显示译码器能把“8421”二—十进制代码译成对应于数码管的七个字段信号，驱动数码管，显示出相应的十进制数码。

本节采用共阳极显示译码器 CT74LS247 型译码器，CT74LS247 型译码器的外形如图 4—1—13 所示，引脚排列如图 4—1—14 所示。

图 4—1—13　CT74LS247 外形

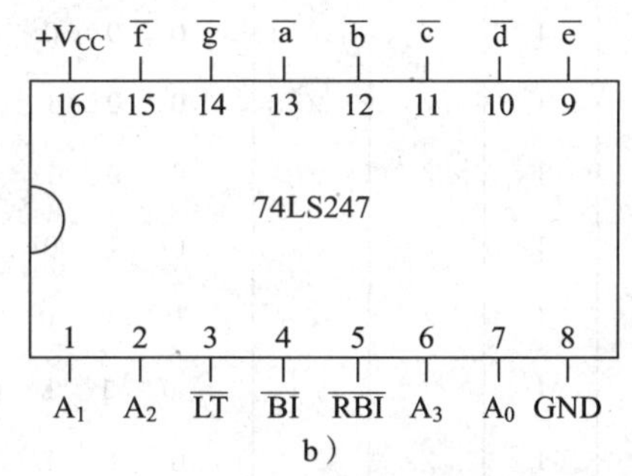

图 4—1—14　CT74LS247 型译码器的引脚排列

各引脚说明如下：

A_3、A_2、A_1、A_0——8421 码的四个输入端。

$\overline{a}$、$\overline{b}$、$\overline{c}$、$\overline{d}$、$\overline{e}$、$\overline{f}$、$\overline{g}$——七个输出端（低电平有效）。

$+V_{CC}$——电源端。

GND——接地端。

$\overline{LT}$——试灯输入端。

$\overline{BI}$——灭灯输入端。

$\overline{RBI}$——灭 0 输入端。

A_3、A_2、A_1、A_0是 8421BCD 码输入端，$\overline{a}$、$\overline{b}$、$\overline{c}$、$\overline{d}$、$\overline{e}$、$\overline{f}$、$\overline{g}$为译码输出端，它们分别与七段显示器的各段相连接。当 $A_3A_2A_1A_0=0000$ 时，$a=b=c=d=e=f=0$，只有 $g=1$。所以，七段显示器的 a、b、c、d、e、f 段分别发亮，而 g 段不亮，七段显示器显示“0”。当 $A_3A_2A_1A_0=0001$ 时，$b=c=0$，而 $a=d=e=f=g=1$，七段显示器的 b、c 段发亮，而 a、d、e、f、g 段不亮，七段显示器显示“1”。依次类推，就可以得到 CT74LS247 型译码器的功能表（表 4—1—12）。

表 4—1—12　　CT74LS247 型译码器的功能表

功能和十进制数	输入							输出笔画段状态							显示字符
	LT	RBI	BI	D	C	B	A	$\overline{a}$	$\overline{b}$	$\overline{c}$	$\overline{d}$	$\overline{e}$	$\overline{f}$	$\overline{g}$	
试灯	0	×	1	×	×	×	×	0	0	0	0	0	0	0	
灭灯	×	×	0	×	×	×	×	1	1	1	1	1	1	1	
灭 0	1	0	1	0	0	0	0	1	1	1	1	1	1	1	
0	1	1	/	0	0	0	0	0	0	0	0	0	0	1	0
1	1	/	/	0	0	0	1	1	0	0	1	1	1	1	1
2	1	/	/	0	0	1	0	0	0	1	0	0	1	0	2
3	1	/	/	0	0	1	1	0	0	0	0	1	1	0	3
4	1	/	/	0	1	0	0	1	0	0	1	1	0	0	4
5	1	/	/	0	1	0	1	0	1	0	0	1	0	0	5
6	1	/	/	0	1	1	0	0	1	0	0	0	0	0	6
7	1	/	/	0	1	1	1	0	0	0	1	1	1	1	7
8	1	/	/	1	0	0	0	0	0	0	0	0	0	0	8
9	1	/	/	1	0	0	1	0	0	0	0	1	0	0	9

常用的显示译码器有三种：共阴极、共阳极、液晶显示译码器。

发光二极管显示译码器有共阴极、共阳极两种类型。

常用的共阴极显示译码器有：T337、T339、T1048、T4048、T1248、T4248、T1249、T4249、T1049、CC4511、CC14513 等。

常用的共阳极显示译码器有：T1247、T4247、T338 等。

常用的液晶显示译码器有：C306、CC4055、CC14543 等。

四、常见触发器及功能

1. 由与非门组成的基本 RS 触发器

(1) 电路结构（见图 4—1—15）

由两个与非门的输入和输出交叉耦合组成的基本 RS 触发器。$\overline{R_D}$和$\overline{S_D}$为信号输入端，它们上面的非号表示低电平有效，在逻辑符号中用小圆圈表示。Q 和 $\overline{Q}$ 为输出端，在触发器处于稳定状态时，它们的输出状态相反。

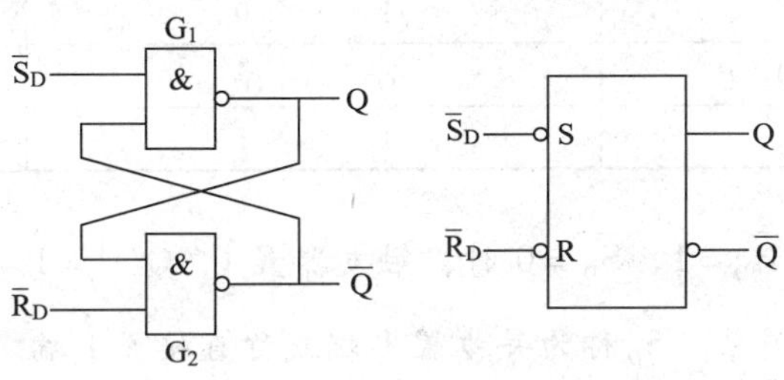

图 4—1—15　由两个与非门构成的基本 RS 触发器

(2) 特性（见表 4—1—13）

表 4—1—13　　　　与非门组成的基本 RS 触发器特性表

$\overline{R_D}$　$\overline{S_D}$	Q^n	Q^{n+1}	说明
0　0	0	×	不定
0　0	1	×	
0　1	0	0	置 0
0　1	1	0	
1　0	0	1	置 1
1　0	1	1	
1　1	0	0	保持
1　1	1	1	

2. 集成维持阻塞 D 触发器 CT74LS74 介绍

(1) 组成

CT74LS74 芯片由两个独立的上升沿触发的维持阻塞 D 触发器组成（见图 4—1—16）。

(2) 特性（见表 4—1—14）

1）异步置 0。当 $\overline{R_D}=0$、$\overline{S_D}=1$ 时，触发器置 0，$Q^{n+1}=0$，它与时钟脉冲 CP 及 D 端的输入信号没有关系。$\overline{R_D}$称为异步置 0 端或称直接置 0 端。

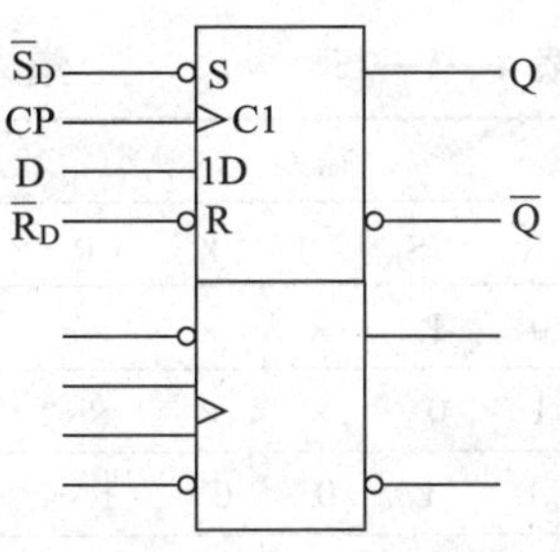

图 4—1—16　CT74LS74 外引线功能图

表 4—1—14　　集成维持阻塞 D 触发器 CT74LS74 特性表

输入				输出		功能说明
$\overline{R_D}$	$\overline{S_D}$	D	CP	Q^{n+1}	$\overline{Q^{n+1}}$	
0	1	×	×	0	1	异步置 0
1	0	×	×	1	0	异步置 1
1	1	0	↑	0	1	置 0
1	1	1	↑	1	0	置 1
1	1	×	0	Q^n	$\overline{Q^n}$	保持
0	0	×	×	1	1	不允许

2）异步置 1。当$\overline{R_D}=1$、$\overline{S_D}=0$ 时，触发器置 1，$Q^{n+1}=1$。它与时钟脉冲 CP 及 D 端的输入信号没有关系。$\overline{S_D}$称为异步置 1 端或称直接置 1 端。

3）置 0。取$\overline{R_D}=\overline{S_D}=1$，如 D=0，则在 CP 端由 0 正跃到 1 时，触发器置 0，$Q^{n+1}=0$。由于触发器的置 0 和 CP 同步到来，因此，又称为同步置 0。

4）置 1。取$\overline{R_D}=\overline{S_D}=1$，如 D=1，则在 CP 端由 0 正跃到 1 时，触发器置 1，$Q^{n+1}=1$。由于触发器的置 1 和 CP 同步到来，因此，又称为同步置 1。

5）保持。取$\overline{R_D}=\overline{S_D}=1$，在 CP=0 时，这时不论 D 端输入信号为 0 还是为 1，触发器都保持原来的状态不变。

3. 集成边沿 JK 触发器 CT74LS112 介绍

（1）组成

CT74LS112 芯片由两个独立的下降沿触发的边沿 JK 触发器组成（见图 4—1—17）。

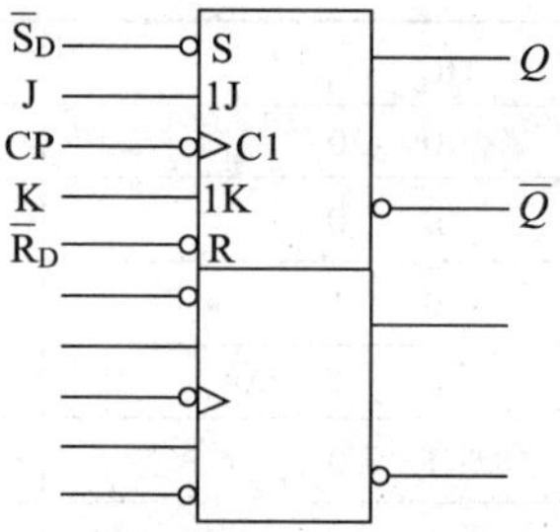

图 4—1—17　CT74LS11 外引线功能图

（2）特性（见表 4—1—15）

表 4—1—15　　集成边沿 JK 触发器 CT74LS74 特性表

输入					输出		功能说明
$\overline{R_D}$	$\overline{S_D}$	J	K	CP	Q^{n+1}	$\overline{Q^{n+1}}$	
0	1	×	×	×	0	1	异步置 0
1	0	×	×	×	1	0	异步置 1
1	1	0	0	↓	Q^n	$\overline{Q^n}$	保持
1	1	0	1	↓	0	1	置 0
1	1	1	0	↓	1	0	置 1

续表

输入					输出		功能说明
$\overline{R_D}$	$\overline{S_D}$	J	K	CP	Q^{n+1}	$\overline{Q^{n+1}}$	
1	1	1	1	↓	$\overline{Q^n}$	Q^n	计数
1	1	×	×	1	Q^n	$\overline{Q^n}$	保持
0	0	×	×	×	1	1	不允许

1）异步置0。当$\overline{R_D}=0$、$\overline{S_D}=1$时，触发器置0，与时钟脉冲CP及J、K的输入信号无关。

2）异步置1。当$\overline{R_D}=1$、$\overline{S_D}=0$时，触发器置1，与时钟脉冲CP及J、K的输入信号也无关。

3）保持。取$\overline{R_D}=\overline{S_D}=1$，如$J=K=0$时，触发器保持原来的状态不变。即使在CP下降沿作用下，电路状态也不会改变，$Q^{n+1}=Q^n$。

4）置0。取$\overline{R_D}=\overline{S_D}=1$，如$J=0$、$K=1$时，在CP下降沿作用下，触发器翻到0状态，即置0，$Q^{n+1}=0$。

5）置1。取$\overline{R_D}=\overline{S_D}=1$，如$J=1$、$K=0$时，在CP下降沿作用下，触发器翻到1状态，即置1，$Q^{n+1}=1$。

6）计数。取$\overline{R_D}=\overline{S_D}=1$，如$J=K=1$时，在CP下降沿作用下，触发器翻转，$Q^{n+1}=\overline{Q^n}$。

五、寄存器、计数器及功能

1. 寄存器

寄存器是数字电路中最常用的逻辑部件之一，并已制成中规模系列化集成电路产品供用户直接选用。寄存器以触发器为基本单元，一般还要配合若干逻辑门电路组成，属于时序逻辑电路。寄存器具有能够接收、暂存和传递数码的特点，分为数码寄存器和移位寄存器两种类型。

(1) 数码寄存器

数码寄存器是最简单的寄存器，它只具有接收和输出二进制数码（表示数据或控制指令等）与清除原有数码的功能。例如，二进制数码从输入设备送来，先存放在输入数码寄存器中，然后再根据需要进行处理或运算。

一个触发器可以寄存和表示一位二进制数码，若要寄存N位二进制数码就需要N个触发器。此外为了实现数码的接收、输出和清零（清除原已存放的二进制数码），还必须有一定的控制电路与触发器配合。这些控制电路通常用逻辑门电路组成。

凡是具有置0和置1功能的触发器都可以构成数码寄存器。因此数码寄存器可以用RS、JK或D触发器等组成。D触发器构成的数码寄存器如图4—1—18所示。

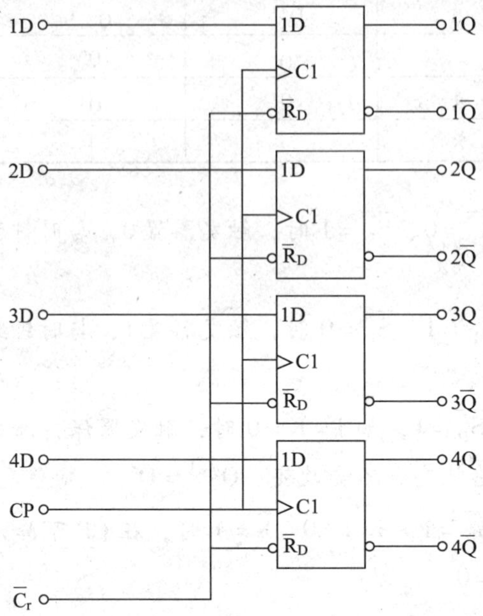

图4—1—18　D触发器构成的数码寄存器

图4—1—18中，$\overline{Cr}$为清零端，当$\overline{Cr}=0$时，1Q～4Q均为“0”态。寄存数码时$\overline{Cr}=1$，在CP上升沿到来后，输入端1D～4D的数码同时存入1Q～4Q之中。当$\overline{Cr}=1$、CP=0时，各触发器处于保持状态。

这种寄存器具有如下特点：各位待存数码是在接收正脉冲信号作用下同时存入寄存器的，这种输入方式称为并行输入方式。又由于所寄存的数码在输出正脉冲的作用下同时出现在输出端，故这种输出方式称为并行输出方式。

（2）移位寄存器

移位功能就是在时钟脉冲CP（称为移位脉冲）作用下，每一位触发器中所寄存的数码依次向左或向右移动一位。具有这种功能的寄存器就是移位寄存器。移位寄存器分为单向移位寄存器和双向移位寄存器两大类。移位寄存器在数字系统中多有应用，例如使用移位寄存器进行乘法、除法等算术运算。

1）单向移位寄存器。只能沿一个方向（向左或向右）移位的寄存器称为单向移位寄存器。如图4—1—19a所示是由D触发器组成的单向移位寄存器。当移位脉冲上升沿来到后，输入数据移入F1触发器，而每个D触发器的状态移入下一级触发器，F4触发器的状态移出寄存器。设各触发器初态均为0，输入数据为1011，则经过四个CP移位脉冲之后，1011全部存入寄存器，移位波形图如图4—1—19b所示。

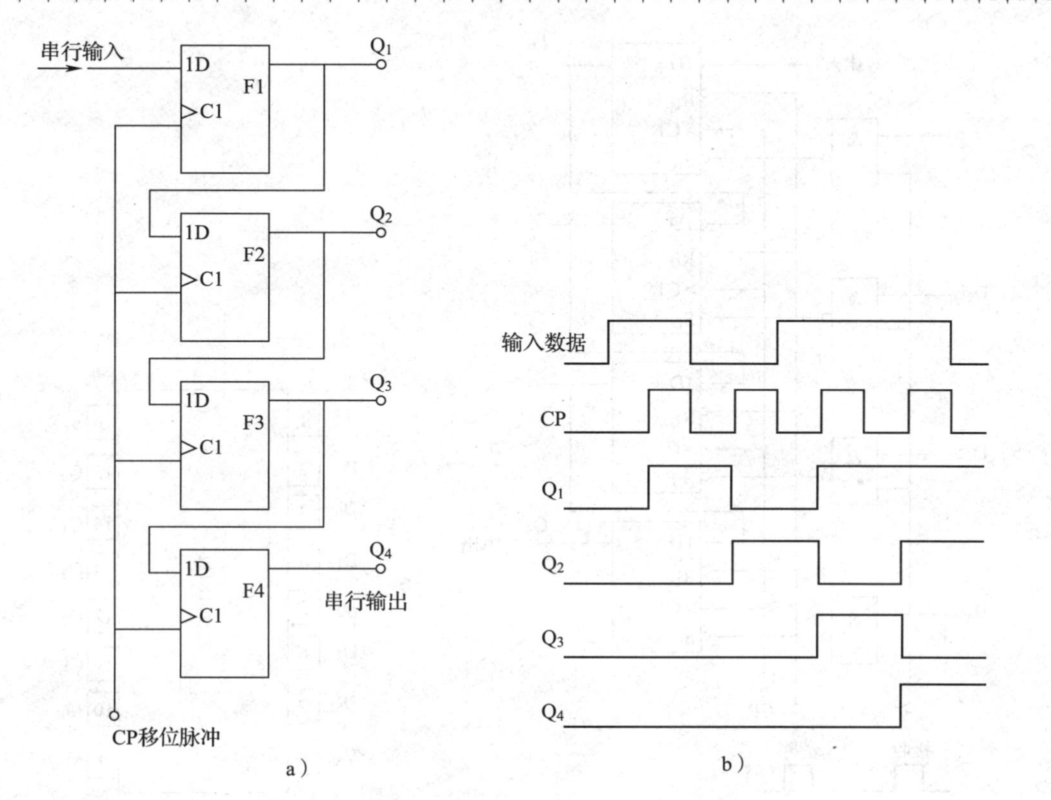

图 4—1—19　串行输入、串并行输出单向移位寄存器

a）单向移位寄存器　b）移位波形图

这种移位寄存器的输入方式是串行输入方式。其特点是要输入的数码依次出现在同一条数据输入线上，且与时钟脉冲同步，即每输入一个时钟脉冲，输入一位数码。其输出有并行和串行两种方式。当加入四个时钟脉冲后，输入数码 1011 出现于 $Q_1 \sim Q_4$端，这时可在同一输出指令作用下实现并行输出。如果继续加入时钟脉冲，则寄存器中的二进制数码将依次在 Q_3端输出，且与时钟脉冲同步。这种输出方式是串行输出方式。

如图 4—1—20 所示是串并行输入、串并行输出移位寄存器。先用清零脉冲将所有触发器置“0”，再给接收脉冲，通过 S 端输入数据，实现并行输入。

2）双向移位寄存器。在许多应用场合，要求寄存器中储存的数码能够根据需要，既可以左移又可以右移的功能，这种寄存器称为双向移位寄存器。

双向四位 TTL 型集成移位寄存器 74LS194，具有双向移位，串行、并行输入、保持数据和清除数据等功能。它的引脚排列如图 4—1—21 所示。

74LS194 各引脚功能说明：

$\overline{Cr}$——清零端。

M_A、M_B——工作状态控制端。

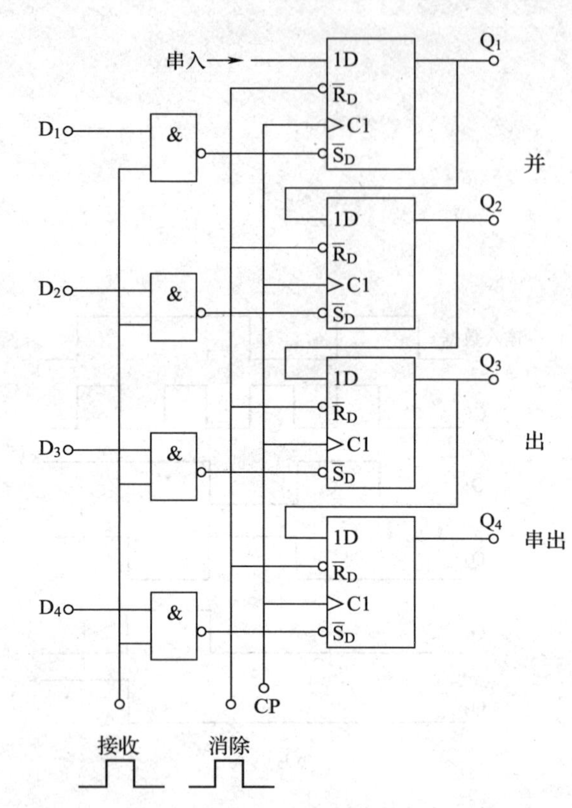

图 4—1—20　串并行输入、串并行输出移位寄存器

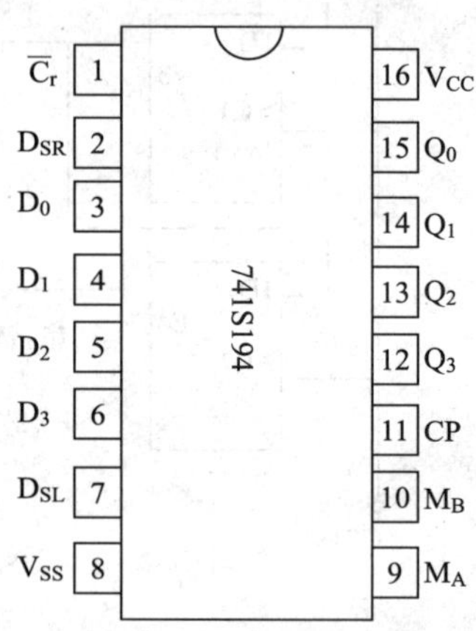

图 4—1—21　74LS194 引脚排列

D_{SL}——左移串行数据输入端。

D_{SR}——右移串行数据输入端。

$D_0 \sim D_3$——并行数据输入端。

$Q_0 \sim Q_3$——并行数据输出端。

CP——时钟脉冲输入端。

V_{CC}——电源。

GND——地。

74LS194 的功能见表 4—1—16。

表 4—1—16　　　　74LS194 的功能表

输入										输出				注释
$\overline{C}_K$	M_B	M_A	D_{SR}	D_{SL}	CP	D_0	D_1	D_2	D_3	Q_0^{n+1}	Q_1^{n+1}	Q_2^{n+1}	Q_3^{n+1}	
0	×	×	×	×	×	×	×	×	×	0	0	0	0	清零
1	×	×	×	×	0	×	×	×	×	Q_0^n	Q_1^n	Q_2^n	Q_3^n	保持
1	1	1	×	×	↑	D_0	D_1	D_2	D_3	D_0	D_1	D_2	D_3	并行输入

续表

输入										输出				注释
$\overline{C_K}$	M_B	M_A	D_{SR}	D_{SL}	CP	D_0	D_1	D_2	D_3	Q_0^{n+1}	Q_1^{n+1}	Q_2^{n+1}	Q_3^{n+1}	
1	0	1	1	×	↑	×	×	×	×	1	Q_0^n	Q_1^n	Q_2^n	右移输入1
1	0	1	0	×	↑	×	×	×	×	0	Q_0^n	Q_1^n	Q_2^n	右移输入0
1	1	0	×	1	↑	×	×	×	×	Q_1^n	Q_2^n	Q_3^n	1	左移输入1
1	1	0	×	0	↑	×	×	×	×	Q_1^n	Q_2^n	Q_3^n	0	左移输入0
1	0	0	×	×	×	×	×	×	×	Q_0^n	Q_1^n	Q_2^n	Q_3^n	保持

在数字系统中，数据传送的方式有串行和并行两种，由于移位寄存器的特点，可用移位寄存器作为数据接口，将并行数据串行发送出去，也可将串行数据逐位接收下来，形成并行数据。

2. 计数器

计数器是数字系统中能累计输入脉冲个数的数字电路，它是由一系列具有存储信息功能的各类触发器构成的计数单元和一些控制门组成的。

计数器在数字系统中有着广泛的应用，除了计数之外，还可用来定时、分频等。

计数器按计数进制不同，可分为二进制计数器、十进制计数器和N进制计数器，按计数单元中触发器翻转顺序来分，则有异步计数器和同步计数器两大类。在异步计数器中，当计数脉冲输入时，各级触发器翻转不是同时的，而是有先有后的；在同步计数器中，所有触发器在同一脉冲作用下翻转是同时的。如果按计数过程中计数器数值的增减来分，又可分为递增计数器、递减计数器和可逆计数器，随着计数脉冲的输入而递增计数的叫作递增计数器，递减计数的叫作递减计数器，可增可减的叫作可逆计数器。

(1) 二进制计数器

1) 异步二进制计数器。异步二进制计数器有递增计数器、递减计数器和可逆计数器等，现以异步三位二进制递增计数器为例说明异步二进制计数器的工作原理。

①电路。异步二进制递增计数器的电路如图4—1—22所示。它由三级JK触发器组成，由于J=K=1，故来一个触发脉冲，触发器状态便翻转一次，Q端为各触发器的输出，C为进位输出。

②工作原理。计数器工作前，一般都需要把所有的触发器置“0”，即计数器状态为000。这一过程称清零或复位。清零之后，计数器就可以开始计数了。

第一个计数脉冲输入时，在该脉冲的下降沿到来时刻，F1触发器翻转，Q_1由0变1。Q_1的正跳变加到F2触发器的CP端，因为触发器都是负跳变触发，所以F2触发器不翻转，计数器的状态为001。

第二个计数脉冲输入时，F1 触发器又翻转，Q_1由 1 变 0。Q_1的负跳变送到 F2 触发器的 CP 端，F2 触发器翻转，$Q_2 = 1$。Q_2的正跳变送到 F3 触发器的 CP 端，F3 触发器不翻转，计数器状态为 010。

按照上述规律，当第七个脉冲输入时，计数器状态为 111。如输入第八个脉冲，计数器状态变成 000，并产生一个向高位的进位信号。

由上述可知，每向触发器 CP 端输入一个脉冲，触发器状态就翻转一次，即：

$$Q^{n+1} = \overline{Q^n}$$

这就是各级的状态方程。由图 4—1—22 又可得到进位方程：

$$C = Q_3^n Q_2^n Q_1^n$$

按照计数器翻转规律，可直接得到计数器状态表（见表 4—1—17）。

由状态表可知，图 4—1—22 所示电路具有二进制递增计数功能。

表 4—1—17　三位异步二进制递增计数器状态表

输入 CP 脉冲个数	计数器状态 Q_3^n	Q_2^n	Q_1^n	进位 C
0	0	0	0	0
1	0	0	1	0
2	0	1	0	0
3	0	1	1	0
4	1	0	0	0
5	1	0	1	0
6	1	1	0	0
7	1	1	1	1
8	0	0	0	0

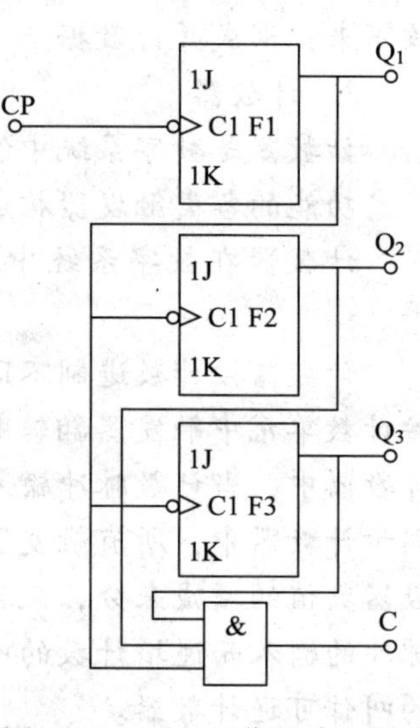

图 4—1—22　三位异步二进制递增计数器

由状态表也可以画出状态图，如图 4—1—23 所示。

三位异步二进制递增计数器波形图如图 4—1—24 所示。

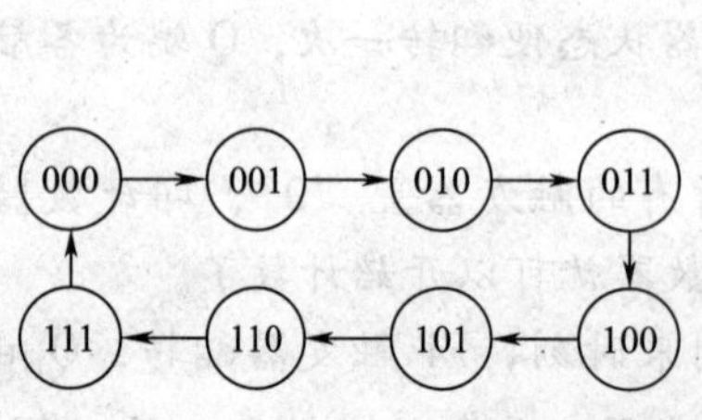

图 4—1—23　三位异步二进制递增计数器状态图

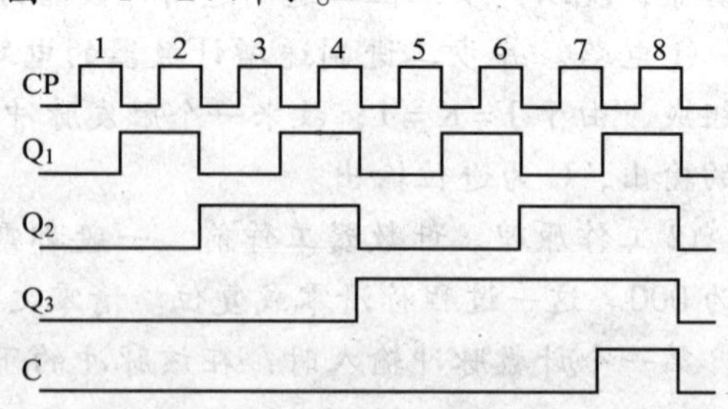

图 4—1—24　三位异步二进制递增计数器波形图

这种计数器之所以称为“异步”加法计数器，是由于计数脉冲不是同时加到各位触发器的 C 端，而只加到最低位触发器，其他各位触发器则由相临低位触发器的进位脉冲来触发，因此它们状态的变换有先有后，是异步的。所以计数速度较慢，这是异步计数器的不足之处。

2）同步二进制计数器。为了提高计数速度，可以用计数脉冲同时去触发所有的触发器，使应该发生状态更新的触发器同时翻转，且与计数脉冲同步。这种计数器称为同步计数器。

用四个主从型 JK 触发器组成的同步二进制加法计数器如图 4—1—25 所示，逻辑状态表见表 4—1—18。

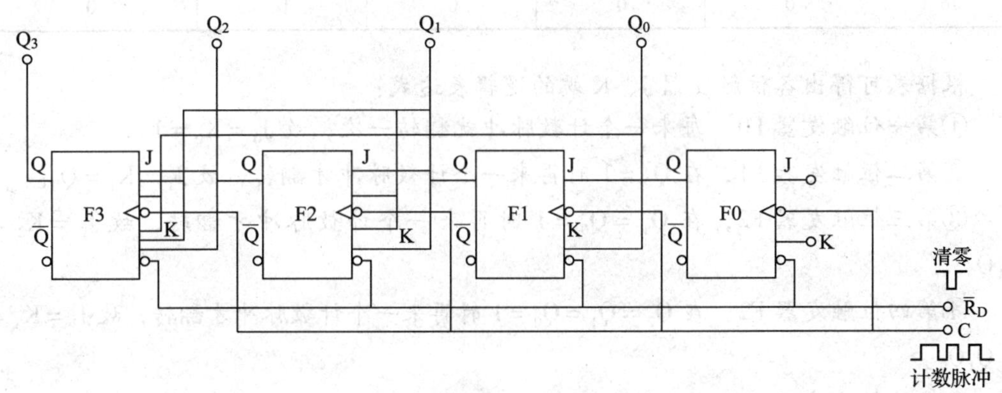

图 4—1—25　四个主从型 JK 触发器组成的同步二进制加法计数器

表 4—1—18　　**二进制加法计数器逻辑状态表**

计数脉冲数	二进制数				十进制数
	Q_3	Q_2	Q_1	Q_0	
0	0	0	0	0	0
1	0	0	0	1	1
2	0	0	1	0	2
3	0	0	1	1	3
4	0	1	0	0	4
5	0	1	0	1	5
6	0	1	1	0	6
7	0	1	1	1	7
8	1	0	0	0	8
9	1	0	0	1	9
10	1	0	1	0	10

续表

计数脉冲数	二进制数				十进制数
	Q_3	Q_2	Q_1	Q_0	
11	1	0	1	1	11
12	1	1	0	0	12
13	1	1	0	1	13
14	1	1	1	0	14
15	1	1	1	1	15
16	0	0	0	0	0

根据表可得出各位触发器 J、K 端的逻辑表达式：

①第一位触发器 F0，每来一个计数脉冲就翻转一次，故 $J_0 = K_0 = 1$。

②第二位触发器 F1，在 $Q_0 = 1$ 时再来一个计数脉冲才翻转，故 $J_1 = K_1 = Q_0$。

③第三位触发器 F2，在 $Q_1 = Q_0 = 1$ 时再来一个计数脉冲才翻转，故 $J_2 = K_2 = Q_1Q_0$。

④第四位触发器 F2，在 $Q_2 = Q_1 = Q_0 = 1$ 时再来一个计数脉冲才翻转，故 $J_3 = K_3 = Q_2Q_1Q_0$。

由于计数脉冲同时加到各位触发器的 C 端，它们的状态变换和计数脉冲同步。这就是“同步”名称的由来，并与“异步”相区别。同步计数器的计数速度较异步快。

图中，每个触发器有多个 J 端和 K 端，J 端之间和 K 端之间都是“与”的逻辑关系。

在上述的四位二进制加法计数器中，当输入第十六个计数脉冲时，又将返回起始状态“0 000”。如果还有第五位触发器的话，这时应是“10000”，即十进制数 16。但现在只有四位，这个数就记录不下来，这称为计数器的溢出。因此，四位二进制加法计数器，能记的最大十进制数为 $2^4 - 1 = 15$。n 位二进制加法计数器，能记的最大十进制数为 $2^n - 1$。

（2）十进制计数器

在计数器中，十进制数通常是用二进制数表示的，所以十进制计数器是指二—十进制编码的计数器。由于二—十进制编码种类很多，这里仅讨论 8421BCD 码十进制计数器。

1）同步十进制递减计数器

①逻辑电路。典型的同步十进制递减计数器如图 4—1—26 所示。

②工作原理。由图 4—1—26 可以写出驱动方程：

$$J_1 = K_1 = 1$$

$$J_2 = \overline{\overline{Q_4^n}\,\overline{Q_3^n}\,\overline{Q_1^n}}，K_2 = \overline{Q_1^n}$$

$$J_3 = Q_4^n\overline{Q_1^n}，K_3 = \overline{Q_2^n}\,\overline{Q_1^n}$$

$$J_4 = \overline{Q_3^n}\,\overline{Q_2^n}\,\overline{Q_1^n}，K_4 = \overline{Q_1^n}$$

再将驱动方程代入 JK 触发器特性方程，得状态方程、借位输出方程：

$$\begin{cases} Q_1^{n+1} = \overline{Q_1^n} \\ Q_2^{n+1} = Q_4^n\overline{Q_2^n}\,\overline{Q_1^n} + Q_3^n\overline{Q_2^n}\,\overline{Q_1^n} + Q_2^nQ_1^n \\ Q_3^{n+1} = Q_4^n\overline{Q_3^n}\,\overline{Q_1^n} + Q_3^nQ_2^n + Q_3^nQ_1^n \\ Q_4^{n+1} = \overline{Q_4^n}\,\overline{Q_3^n}\,\overline{Q_2^n}\,\overline{Q_1^n} + Q_4^nQ_1^n \end{cases}$$

$$B = \overline{Q_4^n}\,\overline{Q_3^n}\,\overline{Q_2^n}\,\overline{Q_1^n}$$

设计数前先清零，$Q_4Q_3Q_2Q_1 = 0000$。由状态方程和借位输出方程可得电路的状态表（见表 4—1—19）。

由状态表可画出状态图、波形图，分别如图 4—1—27、图 4—1—28 所示。

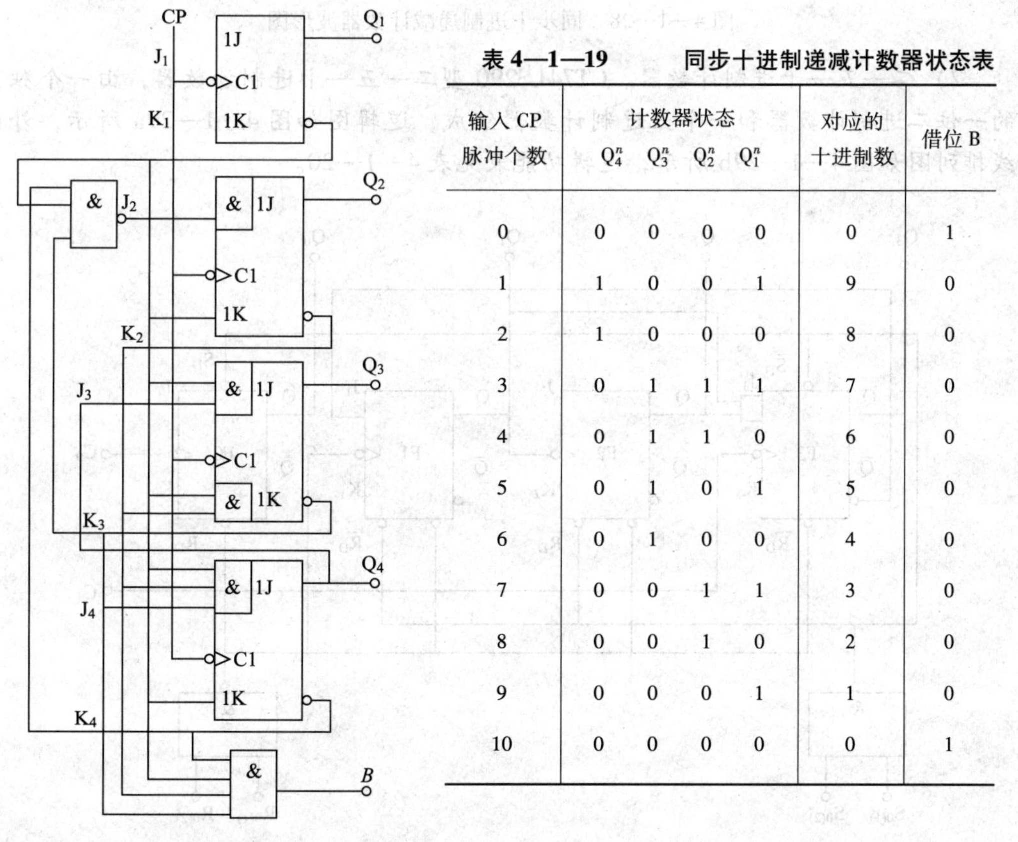

表 4—1—19　同步十进制递减计数器状态表

输入 CP 脉冲个数	计数器状态				对应的十进制数	借位 B
	Q_4^n	Q_3^n	Q_2^n	Q_1^n		
0	0	0	0	0	0	1
1	1	0	0	1	9	0
2	1	0	0	0	8	0
3	0	1	1	1	7	0
4	0	1	1	0	6	0
5	0	1	0	1	5	0
6	0	1	0	0	4	0
7	0	0	1	1	3	0
8	0	0	1	0	2	0
9	0	0	0	1	1	0
10	0	0	0	0	0	1

图 4—1—26　同步十进制递减计数器

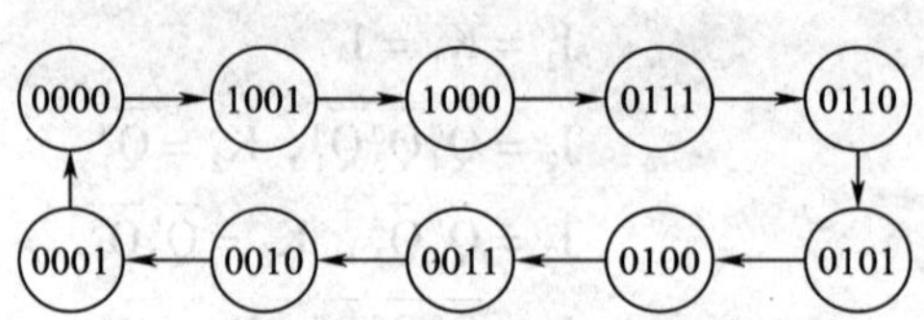

图 4—1—27　同步十进制递减计数器状态图

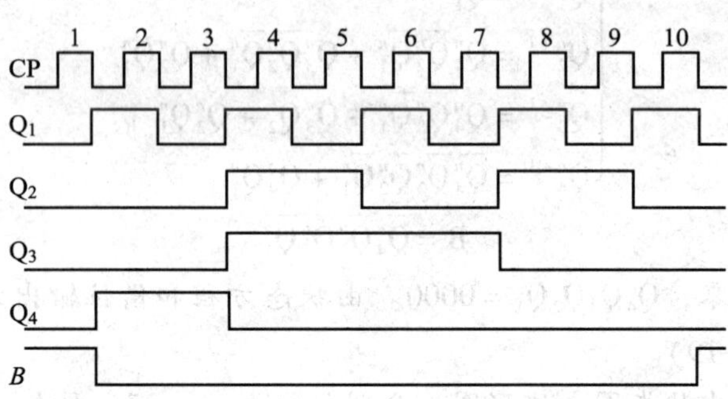

图 4—1—28　同步十进制递减计数器波形图

2）二—五—十进制计数器。CT74LS290 型二—五—十进制计数器，由一个独立的一位二进制计数器和一个五进制计数器组成，逻辑图如图 4—1—29a 所示，外引线排列图如图 4—1—29b 所示，逻辑功能表见表 4—1—20。

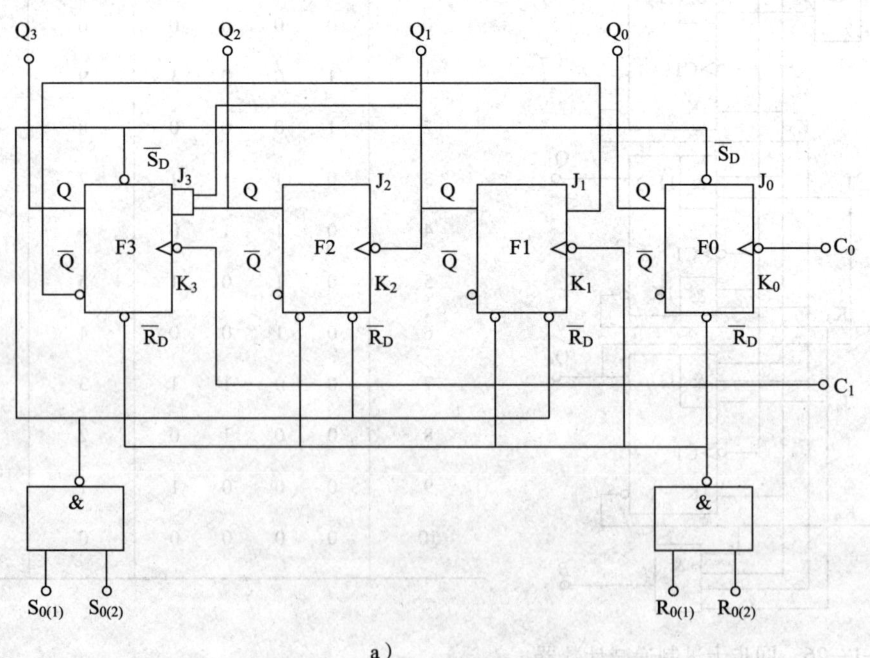

a）

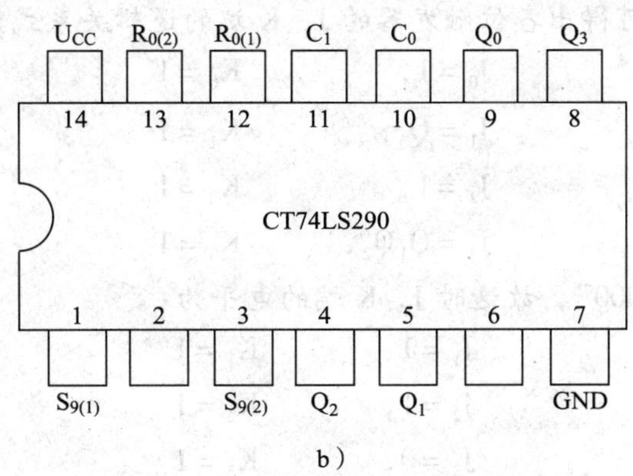

b）

图 4—1—29　CT74LS290 型计数器

a）逻辑图　b）外引线排列图

表 4—1—20　　　　　　　CT74LS290 型计数器逻辑状态表

$R_{0(1)}$	$R_{0(2)}$	$S_{9(1)}$	$S_{9(2)}$	Q_3　Q_2　Q_1　Q_0
1	1	0 ×	× 0	0　0　0　0
×	×	1	1	1　0　0　1
×	0	×	0	计数
0	×	0	×	计数
0	×	×	0	计数
×	0	0	×	计数

注：×表示任意状态。

CT74LS290 各引脚功能说明：

C_0——一位二进制计数器的计数脉冲输入端。

Q_0——一位二进制计数器的输出端。

C_1——五进制计数器的计数脉冲输入端。

Q_3、Q_2、Q_1——五进制计数器的输出端。

$R_{0(1)}$、$R_{0(2)}$——二—五—十进制计数器的置“0”端，高电平有效。

$S_{9(1)}$、$S_{9(2)}$——二—五—十进制计数器的置“9”端，高电平有效。

V_{CC}——电源。

GND——地。

工作原理如下：

①只输入计数脉冲 C_0，由 Q_0 输出，F1 ~ F3 不用，为二进制计数器。

②只输入计数脉冲 C_1，由 Q_3，Q_2，Q_1 端输出，为五进制计数器。

由图 4—1—29a 可得出各位触发器的 J，K 端的逻辑关系式为：

$$J_0 = 1, \qquad K_0 = 1$$

$$J_1 = \overline{Q_3}, \qquad K_1 = 1$$

$$J_2 = 1, \qquad K_2 = 1$$

$$J_3 = Q_1 Q_2, \qquad K_3 = 1$$

因初始状态为“000”，故这时 J、K 端的电平为：

$$J_1 = 1, \qquad K_1 = 1$$

$$J_2 = 1, \qquad K_2 = 1$$

$$J_3 = 0, \qquad K_3 = 1$$

根据 JK 触发器的状态表，注意第二位触发器 F2 只在 Q_1 的状态从“1”变为“0”时才能翻转，可得出各触发器的下一状态，即“001”。而后再以“001”分析下一状态，这时触发器 F1 和 F2 都翻转，得出“010”。一直分析到恢复“000”为止。在分析过程中列出状态表（见表 4—1—21）。由表 4—1—21 可见，经过五个脉冲循环一次，这是五进制计数器。

表 4—1—21　　　五进制计数器的状态表

时钟脉冲数	$J_3 = Q_1Q_2$	$K_3 = 1$	$J_2 = K_2 = 1$		$J_1 = \overline{Q_3}$	$K_1 = 1$	Q_3	Q_2	Q_1
0	0	1	1	1	1	1	0	0	0
1	0	1	1	1	1	1	0	0	1
2	0	1	1	1	1	1	0	1	0
3	0	1	1	1	1	1	0	1	1
4	1	1	1	1	0	1	1	0	0
5	0	1	1	1	0	1	0	0	0

③将 Q_0 端与 C_1 端连接，输入计数脉冲 C_0，从 $Q_3Q_2Q_1Q_0$ 输出，可构成 8421 码十进制计数器，如图 4—1—30 所示。

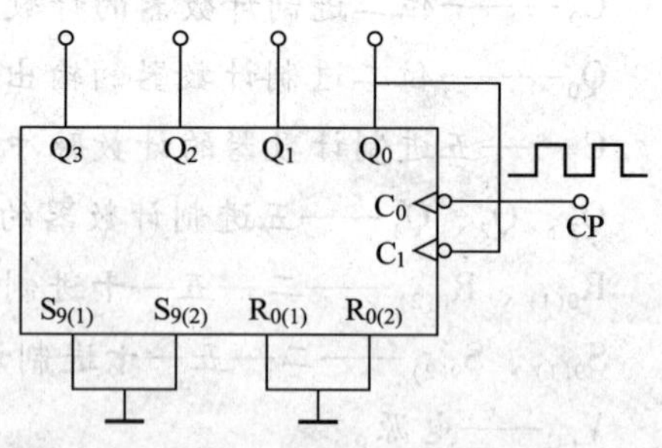

图 4—1—30　十进制计数器

（3）*N* 进制计数器

常见的集成计数器的产品都是二进制计数器和十进制计数器，如果要得到任意进制的计数器，可以利用一些门电路作为控制电路来达到目的。任意进制计数器简称 *N* 进制计数器。利用各种不同的集成计数器构成 *N* 进制计数器的方法有多种，通常是利用复位法，如果要得到计数容量较大（即 *N* 较大）的计数器，就必须采用级联法。

1）复位法。如图 4—1—31 所示为十二进制递增计数器。$Q_4Q_3Q_2Q_1$ 从 0000 到 1011 时，计数器正常计数。由 1011 增至 1100 时，与非门输出为 0，计数器转变为 0000，从而实现了十二进制计数。

利用复位法可以得到 N 进制计数器，其方法一般是在 N 个时钟脉冲作用下，把计数到 N 时所有触发器输出状态 $Q_n=1$ 的输出端连接到一个与非门的输入端，并使与非门的输出去控制计数器的复位端 Cr，从而在第 N 个时钟脉冲作用时计数器回到“0”状态，成为 N 进制计数器。

2）级联法。为了得到计数容量较大的计数器，可以将两个以上的计数器串联起来。例如，把一个三进制计数器和一个四进制计数器串联起来，就构成了一个十二进制计数器。

如果要得到任意 N 进制计数器，可以按图 4—1—32 连接，图 4—1—32 中利用了复位法得到的是一个八十四进制的递增计数器。改变图 4—1—32 中与非门输入端与两个十进制计数器输出端的连接位置，可以得到 $N=1\sim100$ 任何一种进制的计数器。

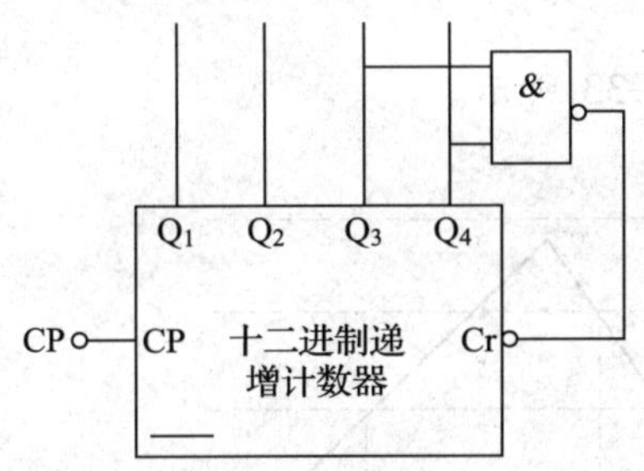

图 4—1—31　十二进制递增计数器

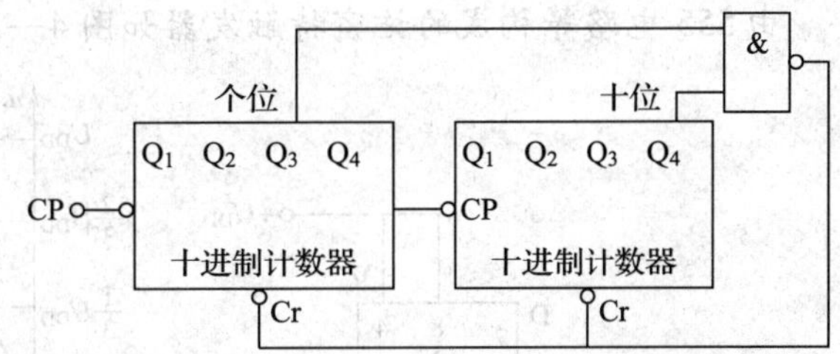

图 4—1—32　八十四进制计数器

六、脉冲信号的产生与整形

获得脉冲波形的方法主要有两种，一种是利用多谐振荡器直接产生符合要求的矩形脉冲；另一种是通过整形电路对已有的波形进行整形、变换。

1．施密特触发器

施密特触发器有两个稳定状态，而这两个稳定状态的维持和转换完全取决于输入电压的大小。只要输入电压 u_I 上升到略大于 U_{T+} 或下降到略小于 U_{T-} 时，施密特触发器的输出状态就会发生翻转，从而输出边沿陡峭的矩形脉冲。

输入电压 u_I 上升到使电路状态发生翻转时的值，称为正向阈值电压，用 U_{T+} 表示。输入电压 u_I 下降到使电路状态发生翻转时的值，称为负向阈值电压，用 U_{T-} 表示。施密特触发器的正向阈值电压 U_{T+} 和负向阈值电压 U_{T-} 的差值，称为回差电压，用 ΔU_T 表示。

电压传输特性反映的是触发器输出电压随输入电压变化的规律。施密特触发器的电压传输特性说明见表 4—1—22。

表 4—1—22　　施密特触发器的电压传输特性说明表

<table>
<tr><td>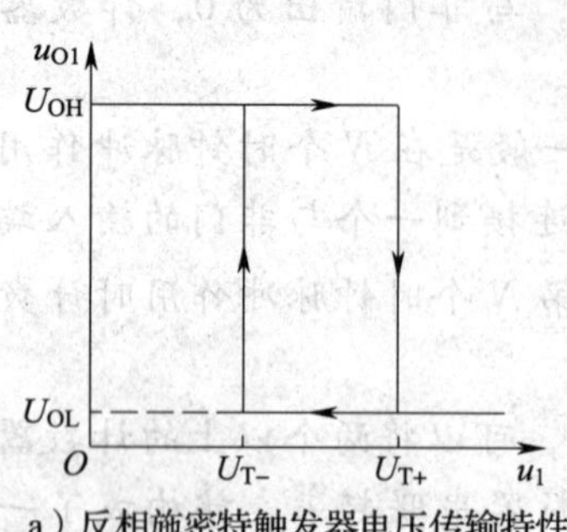
a）反相施密特触发器电压传输特性</td><td>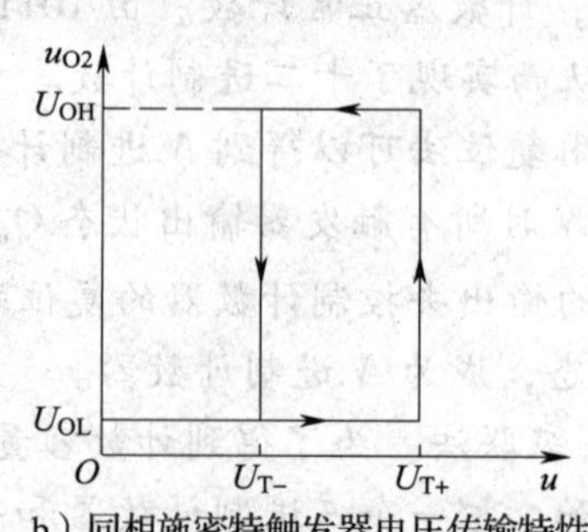
b）同相施密特触发器电压传输特性</td></tr>
<tr><td>反相施密特触发器：随着输入电压的升高和降低，输出电压呈反相变化趋势</td><td>同相施密特触发器：随着输入电压的升高和降低，输出电压呈同相变化趋势</td></tr>
</table>

（1）电路

由 555 电路等构成的施密特触发器如图 4—1—33 所示。

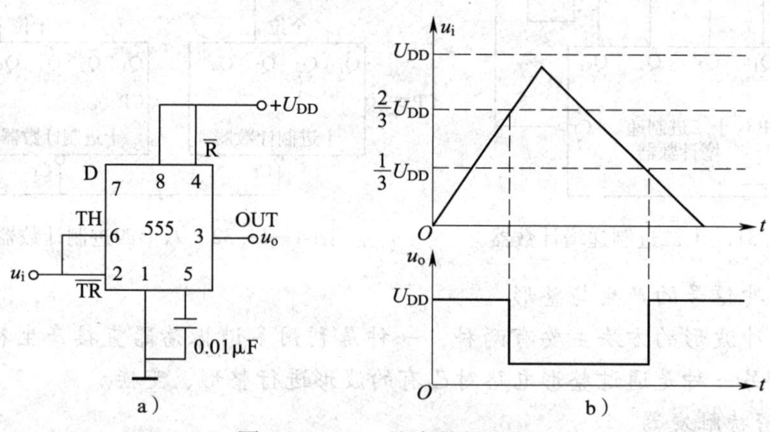

图 4—1—33　施密特触发器

a）电路　b）输入、输出波形

（2）工作原理

当输入信号 $u_i = u_{\overline{TR}} = u_{TH} < \frac{1}{3}U_{DD}$ 时，输出为高电平；当输入信号 $\frac{2}{3}U_{DD} > u_i > \frac{1}{3}U_{DD}$ 时，电路输出维持原状态不变，输出继续为高电平；当输入信号上升到 $u_i \geqslant \frac{2}{3}U_{DD}$ 时，电路翻转，输出变为低电平；当 u_i 上升到峰值后，开始下降，若 $u_i > \frac{1}{3}U_{DD}$，电路输出维持原态不变，输出仍然为低电平；当输入信号下降到 $u_i < \frac{1}{3}U_{DD}$ 时，电路再次翻转，输出又返回高电平。电路输入、输出波形如图 4—1—33b 所示。

由上述分析可知，在输入信号上升过程中，当 $u_i \geq \frac{2}{3}U_{DD}$ 时，电路输出由高电平变为低电平；而在输入信号下降过程中，当 $u_i \leq \frac{1}{3}U_{DD}$ 时，电路输出由低电平变为高电平，可见电路具有回差特性。回差电压：$\Delta V_T = \frac{2}{3}U_{DD} - \frac{1}{3}U_{DD} = \frac{1}{3}U_{DD}$

如果在 CO 端施加直流电压，则可改变电路回差电压 ΔV_T 的大小。施加的直流电压越高，ΔV_T 就越大。

2. 多谐振荡器

由门电路和阻容元件构成，它没有稳定状态，只有两个暂稳态，通过电容的充电和放电，使两个暂稳态相互交替，从而产生自激振荡，输出周期性的矩形脉冲信号。如要求输出振荡频率很稳定的矩形脉冲时，则可采用石英晶体振荡器。由于矩形脉冲含有丰富的谐波分量，因此，常将矩形脉冲产生电路称作多谐振荡器。

（1）电路

如图 4—1—34 所示为 555 电路构成的多谐振荡器，电路中电阻 R、电容 C 为外接定时元件。

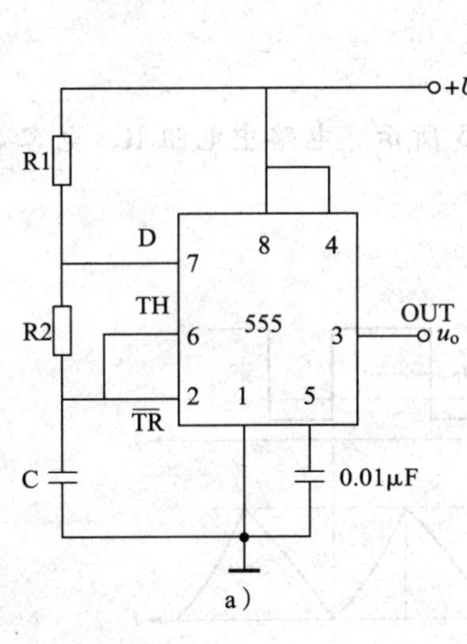

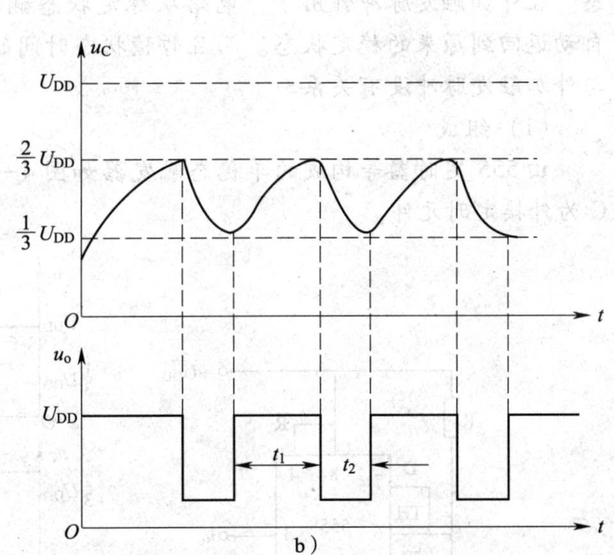

图 4—1—34　多谐振荡器
a）电路　b）输入、输出波形

（2）工作原理

接通电源瞬间，电容两端电压 $u_C = 0$，即 $u_{TH} = u_{\overline{TR}} = u_C = 0 < \frac{1}{3}U_{DD}$，OUT = "1"，放电管 V 截止，直流电源通过电阻 R1、R2 向电容充电，电容电压开始上升；当电容两端电压 $u_C \geq \frac{2}{3}U_{DD}$，即 $u_{TH} = u_{\overline{TR}} = u_C \geq \frac{2}{3}U_{DD}$ 时，电路翻转，输出就由 OUT =

"1"变为 OUT = "0"，放电管 V 导通，电容经 R2、V 放电，电容电压逐渐下降，当电容两端电压下降到 $u_C \leqslant \frac{1}{3}U_{DD}$，即 $u_{TH} = u_{\overline{TR}} = u_C \leqslant \frac{1}{3}U_{DD}$ 时，电路再次翻转，输出又由 OUT = "0"变为 OUT = "1"，如此周而复始，在一种暂稳状态和另一种暂稳状态之间自动转换，便形成了振荡，电路输出波形如图 4—1—34b 所示。

由计算可得输出矩形波的振荡周期：

$$T = t_1 + t_2 \approx 0.7\ (R_1 + R_2)\ C + 0.7R_2C \approx 0.7\ (R_1 + 2R_2)\ C$$

式中 t_1——充电时间，即电容两端电压从 $\frac{1}{3}U_{DD}$ 上升到 $\frac{2}{3}U_{DD}$ 所需时间；

t_2——放电时间，即电容两端电压从 $\frac{2}{3}U_{DD}$ 下降到 $\frac{1}{3}U_{DD}$ 所需时间。

电路输出矩形波的占空比：$q = \frac{t_1}{T} = \frac{t_1}{t_1 + t_2} = \frac{R_1 + R_2}{R_1 + 2R_2}$。

3. 单稳态触发器

单稳态触发器是常用的脉冲整形和延时电路。它有一个稳定状态和一个暂稳状态。在外加触发脉冲作用下，电路从稳定状态翻转到暂稳状态，经一段时间后，又自动返回到原来的稳定状态。而且暂稳状态时间的长短完全取决于电路本身的参数，与外加触发脉冲没有关系。

(1) 组成

由 555 定时器等构成的单稳态触发器如图 4—1—35 所示。电路中电阻 R、电容 C 为外接定时元件。

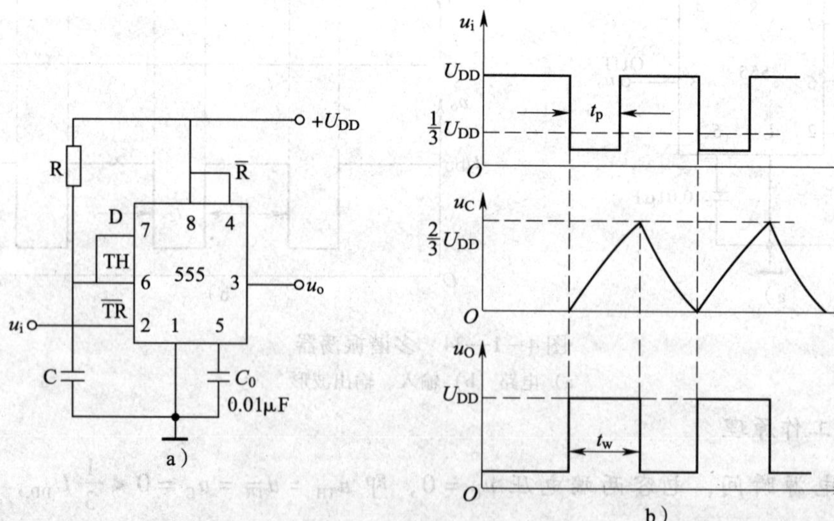

图 4—1—35 单稳态触发器

a）电路 b）输入、输出波形

(2) 工作原理

当单稳态触发器无触发脉冲信号时，输入端 u_i = “1”，直流电源 $+U_{DD}$ 接通以后，通过电阻向电容器 C 充电，当 u_C（u_{TH}）上升到 $\frac{2}{3}U_{DD}$ 时，$Q=0$，$\overline{Q}=1$，OUT = “0”，放电管 V 导通，电容器 C 放电，$U_{TH}<\frac{2}{3}U_{DD}$，而 $u_{\overline{TR}}=u_i$ = “1” $>\frac{1}{3}U_{DD}$，根据 555 定时器功能可知，此时电路保持原态“0”不变，这种状态即是单稳态触发器的稳定状态，如图 4—1—35b 所示。

当单稳态触发器有触发脉冲信号，即 $u_i=u_{\overline{TR}}$ = “0” $<\frac{1}{3}U_{DD}$ 时，由于 $u_{TH}<\frac{1}{3}U_{DD}$，则触发器输出由“0”变为“1”，放电管由导通变为截止，直流电源 $+U_{DD}$ 通过电阻 R 向电容 C 充电，电容两端电压 u_C（u_{TH}）按指数规律上升，当 $U_{TH}=U_C<\frac{2}{3}U_{DD}$ 时，输出保持原状态“1”不变，这种状态即是单稳态触发器的暂稳状态。

当 u_C（u_{TH}）$\geqslant\frac{2}{3}U_{DD}$ 时，又有 $u_{\overline{TR}}>\frac{1}{3}U_{DD}$，电路又发生翻转，$Q=0$，$\overline{Q}=1$，OUT = “0”，放电管 V 导通，电容器 C 放电，电路自动返回到稳定状态。

可见，输出脉冲宽度 t_w 就是暂稳状态持续的时间，即电容两端的电压从 0 充电至 $\frac{2}{3}U_{DD}$ 所需要的时间。由计算可得：$t_w\approx1.1RC$。

学习活动 2　线路的安装与调试

学习目标

1. 能根据原理图列出元器件清单，领取、核对、检测和筛选元器件。

2. 能按图样、工艺要求、安全规范和要求安装电路。

3. 能正确使用仪表进行测试检查，验证电路安装的正确性，能按照技术参数要求进行电路调试。

知识准备

变音门铃电路如图 4—2—1 所示。

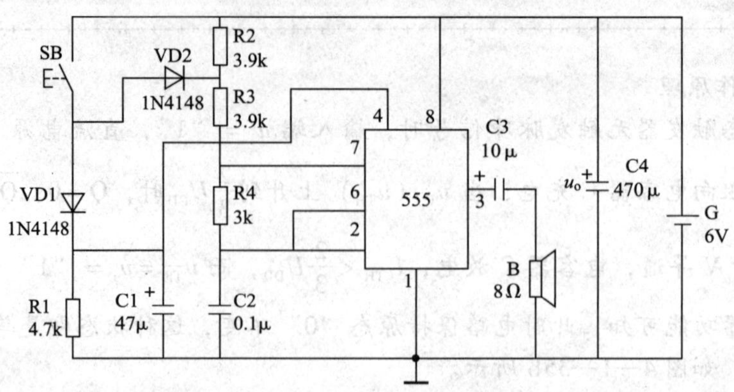

图 4—2—1　变音门铃电路

555 时基电路和电阻 R2～R4、电容 C2 组成无稳态音频振荡器，当按钮 SB 未按下时，555 时基电路因强制复位端 4 号脚通过 R1 接地呈低电位，电路被复位，振荡器停振，扬声器 B 无声，当按下按钮 SB 时，电源一路经 VD1 向 C1 充电，使 4 号脚电位上升，当 4 号脚电位大于 0.4 V 时，振荡器起振；电源另一路经 VD2、R3、R4 向 C2 充电，这时电阻 R2 不起作用。所以在 SB 按下时，C2 充电时间常数是（R_3+R_4）C_2，放电时间常数是 R_4C_2，振荡频率约为 1 600 Hz，扬声器 B 发出的是模拟“叮”声。松开 SB 后，C1 向 $R1$ 放电，仍能维持集成块 4 号脚为高电平，这时 VD2 反偏截止，R2 被接入振荡回路，C2 充电时间常数为（$R_2+R_3+R_4$）C_2，放电时间常数仍为 R_4C_2，所以振荡频率降低，变为 1 100 Hz 左右，扬声器 B 就发出模拟“咚”声。随着 C1 不断放电，使集成块 4 号脚电位不断下降，当降至0.4 V 以下，振荡器停振，“咚”声消失，电路恢复原状。所以按动一次 SB 后，扬声器 B 就发出一次“叮咚”响声。

小贴士

门铃功能描述：当按下按钮后，电源经 VD2 对 C1 充电。当集成块④脚（复位端）电压大于 1 V 时，电路振荡，扬声器中发出“叮”声。松开按钮，C1 电容储存的电能经 R3 电阻放电，此刻集成块④脚继续维持高电平而保持振荡，但这时因 R1 电阻也接入振荡电路，振荡频率变低，使扬声器发出“咚”声。当 C1 电容器上的电能释放一定时间后，集成块④脚电压低于 1 V，此时电路将停止振荡。再按一次按钮，电路将重复上述过程。

任务实施

一、实训目的

1. 能正确安装变音门铃。
2. 能正确测量变音门铃电路参数。

二、主要实训器材的认识

工具及材料清单见表 4—2—1。

表 4—2—1　　**工具及材料清单**

序号	代号	名称	型号	数量
1	VD1　VD2	二极管	2CP12	2
2	IC	555 定时器		1
3		集成电路插座	8 脚	1
4	SB	按钮开关		1
5	R1	电阻器	4.7 kΩ	1
6	R2　R3	电阻器	3.9 kΩ	2
7	R4	电阻器	3 kΩ	1
8	C2	电容器	0.1 μF	1
9	C4	电容器	470 μF	1
10	C1	电容器	47 μF	1
11	C3	电容器	10 μF	1
12	B	扬声器	8 Ω	1
13		试验板		1
14		常用电子组装工具	套	1
15		+6 V 稳压电源	台	1
16		示波器	台	1
17		万用表	只	1
18		连接导线		若干

三、实训内容

1. 变音门铃电路的安装

(1) 根据电原理图正确进行安装图的设计，可以两面布线，以焊点一面为主。

变音门铃电路的安装如图 4—2—2 所示。在图 4—2—2 中，焊点、连接线、元器件都是安装时的实际位置，实线表示焊点一面的连接线，虚线表示元器件一面的连接线，连接线要画得平直，不能交叉。

(2) 按材料清单核对元器件的数量、型号和规格，如有短缺、差错应及时补缺和更换，并检测元器件，用万用表的电阻挡对元器件进行检测，对不符合质量要求的元器件须剔除并更换。

(3) 按安装图将元器件插装在试验板上，安装原则是先低后高，先里后外。上道工序不得影响下道工序的安装，集成块插座在印刷板上焊接，焊接方法与焊接二极管方法相同。如果直接焊接集成块，一般采用“三步焊接法”，管脚焊接的顺序为：地端→输出端→电源端→输入端。注意：每个焊点的焊接时间应尽量短。

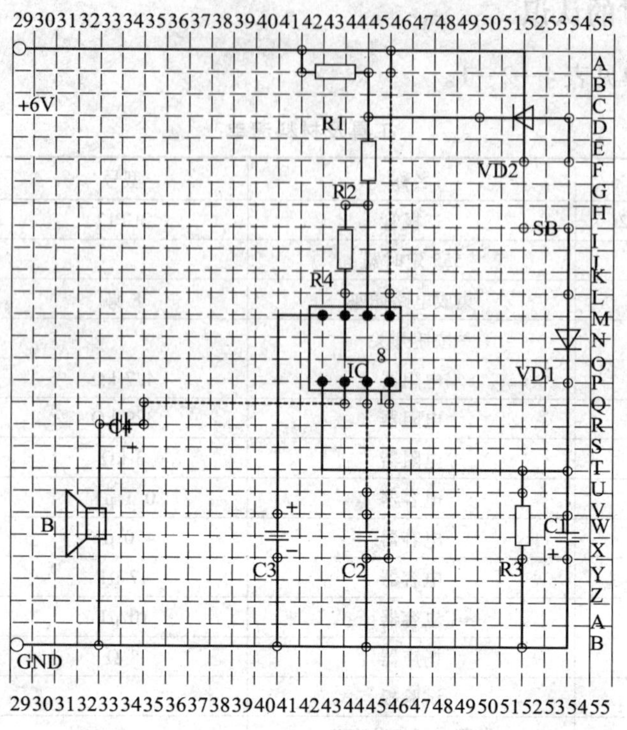

图 4—2—2　安装图

（4）所有焊点均采用直脚焊，焊后剪去多余引脚，如图 4—2—3 所示为安装好的叮咚门铃电路板。

图 4—2—3　叮咚门铃电路板

注意：二极管 VD2 不能接反，如果 VD2 接反，按下按钮 SB，电源不能对 C1 进行充电，4 脚为低电平，门铃电路不工作。

2．变音门铃电路的调试

（1）变音门铃电路的调试要求和方法

按照焊接操作的基本工艺要求焊接电路。焊接完成后，对电路的装接质量进行自检，重点是装配的准确性，包括元件位置，焊点质量应无虚焊、假焊、漏焊、空隙、毛刺等；做好元件整形。

（2）变音门铃电路各关键点参数的测量

安装完成后，对照测试线路图和装配图进行检查，用万用表检测电源是否有短路问题，无误后插上集成电路，方可通电测试。

1）将电路的 8 脚与电源相连接。按下按钮 SB，再松开 SB，用示波器观察 u_C、u_o的波形，聆听扬声器的声音，将结果填入表 4—2—2。

表 4—2—2　　结果记录

测量点	电压值（V）							
NE555 引脚	1	2	3	4	5	6	7	8
鸣叫时								
不鸣叫时								
观察记录 3 脚时的波形								
制作、调试中出现的故障和排除方法								

改变 C2 的数值，变音门铃的音节会发生变化。

3．专业技能评价（见表 4—2—3）

表 4—2—3　　专业技能评价表

评价项目		评价标准	分值	评分		
				自我评价	小组评价	教师评价
装配（60%）	布线	1．布局合理、紧凑 2．导线横平、竖直，转角成直角，无交叉 3．元件间连接关系和电路原理图一致	20 分			
	插件	1．电阻器、二极管水平安装，贴近电路板 2．元件安装平整、对称 3．按图装配，元件的位置、极性正确	20 分			
	焊接	1．焊点光亮、清洁、焊料适量 2．布线平直 3．无漏焊、虚焊、假焊、搭焊等现象 4．焊接后元件引脚剪脚留头长度小于 1 mm	20 分			

续表

<table>
<tr><th rowspan="2">评价项目</th><th rowspan="2" colspan="2">评价标准</th><th rowspan="2">分值</th><th colspan="3">评分</th></tr>
<tr><th>自我评价</th><th>小组评价</th><th>教师评价</th></tr>
<tr><td rowspan="2">测试
（30%）</td><td>总装</td><td>1. 总装符合工艺要求
2. 导线连接正确
3. 不损伤绝缘层和元器件表面涂敷层
4. 紧固件牢固可靠</td><td>10 分</td><td></td><td></td><td></td></tr>
<tr><td>测试</td><td>1. 按测试要求和步骤正确测量
2. 正确使用万用表
3. 正确使用示波器观察波形</td><td>20 分</td><td></td><td></td><td></td></tr>
<tr><td>安全、文明
（10%）</td><td colspan="2">1. 安全用电，不人为损坏元器件、加工件和设备等
2. 保持工作环境整洁、秩序井然，操作习惯良好</td><td>10 分</td><td></td><td></td><td></td></tr>
<tr><td colspan="4">合计</td><td></td><td></td><td></td></tr>
</table>

四、综合评价（见表 4—2—4）

评价考核分四个等级：A（100 ~ 90）、B（89 ~ 75）、C（74 ~ 60）、D（59 ~ 0）。

表 4—2—4　　　　综合评价表

<table>
<tr><th rowspan="2">项目名称</th><th rowspan="2" colspan="2">评价内容</th><th rowspan="2">配分</th><th colspan="3">评价分数</th></tr>
<tr><th>自评</th><th>互评</th><th>师评</th></tr>
<tr><td rowspan="6">职业素养
考核项目
（40%）</td><td colspan="2">劳动保护用品穿戴整洁</td><td>6 分</td><td></td><td></td><td></td></tr>
<tr><td colspan="2">安全意识、责任意识、服从意识</td><td>6 分</td><td></td><td></td><td></td></tr>
<tr><td colspan="2">积极参加教学活动，按时完成学生工作页</td><td>10 分</td><td></td><td></td><td></td></tr>
<tr><td colspan="2">团队合作、与人交流能力</td><td>6 分</td><td></td><td></td><td></td></tr>
<tr><td colspan="2">劳动纪律</td><td>6 分</td><td></td><td></td><td></td></tr>
<tr><td colspan="2">生产现场管理 6S 标准</td><td>6 分</td><td></td><td></td><td></td></tr>
<tr><td rowspan="4">专业能力
考核项目
（60%）</td><td colspan="2">专业知识查找及时、准确</td><td>12 分</td><td></td><td></td><td></td></tr>
<tr><td colspan="2">操作符合规范</td><td>18 分</td><td></td><td></td><td></td></tr>
<tr><td colspan="2">操作熟练，工作效率高</td><td>12 分</td><td></td><td></td><td></td></tr>
<tr><td colspan="2">成品的验收质量高</td><td>18 分</td><td></td><td></td><td></td></tr>
<tr><td colspan="4">总分</td><td></td><td></td><td></td></tr>
<tr><td>总评</td><td>自评（20%）+互评（20%）+教师评（60%）</td><td colspan="2">综合等级</td><td colspan="3">教师（签名）：</td></tr>
</table>

任务五　晶闸管调光电路的安装与调试

学习目标

1. 能根据“调光台灯安装”的工作任务，明确工作内容、工艺要求、安排完成工作任务的进度。
2. 能正确识别、筛选、检测元器件。
3. 能根据电路原理图，正确分析调光台灯的调光原理。
4. 能根据任务要求、安装工艺进行电路板的焊接、调试、安装及自检。
5. 能正确填写任务单的验收项目（承诺保修一年），并交付验收。

建议课时

40 课时

任务描述

你使用过调光台灯吗？你知道灯光的亮度是怎样调节的吗？让我们动手做一个调光台灯吧。

工作流程与活动

学习活动 1　晶闸管调光电路的分析
学习活动 2　线路的安装与调试

学习活动 1　晶闸管调光电路的分析

学习目标

1. 能识别晶闸管的结构、晶闸管的型号和参数等内容。
2. 能识别单结晶体管的结构、型号和参数等内容。
3. 能正确分析晶闸管的工作原理、单结晶体管的工作原理。

知识准备

一、晶闸管的认识

1. 晶闸管的结构

晶闸管又称为可控硅，是一种由硅单晶材料制成的大功率半导体器件。有三个管脚，分别为：阳极（A）、阴极（K）、门极（G）。其管芯由四层半导体材料组成，具有三个PN结，内部结构及实物如图5—1—1、图5—1—2所示。

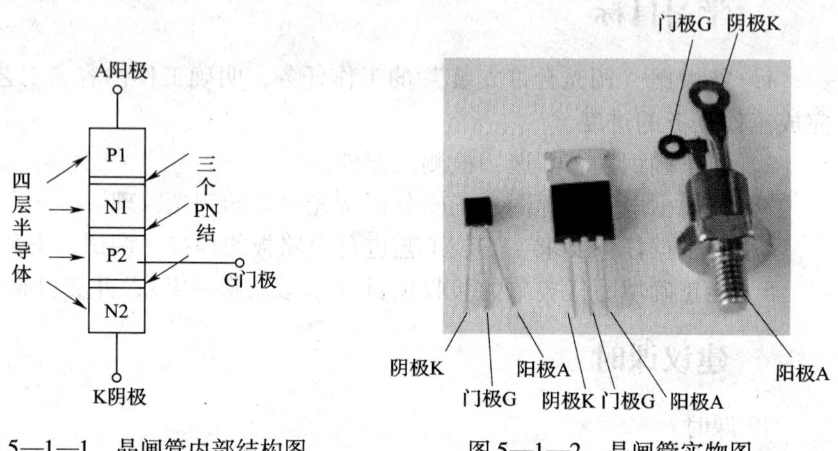

图5—1—1　晶闸管内部结构图　　图5—1—2　晶闸管实物图

2. 晶闸管的型号和参数

国产普通型晶闸管的型号有3CT系列和KP系列。各部分含义如下：

（1）3CT系列

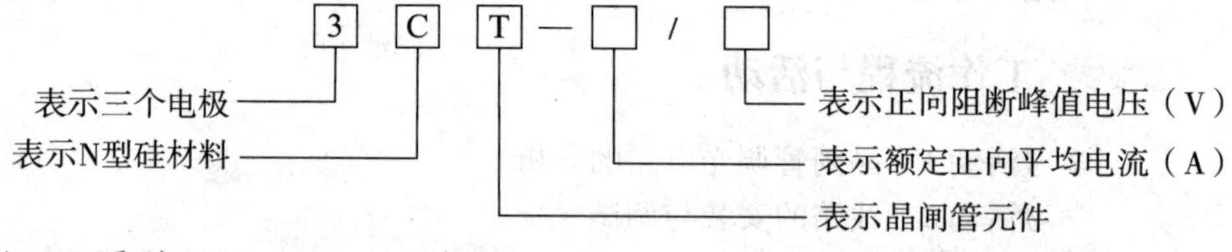

（2）KP系列

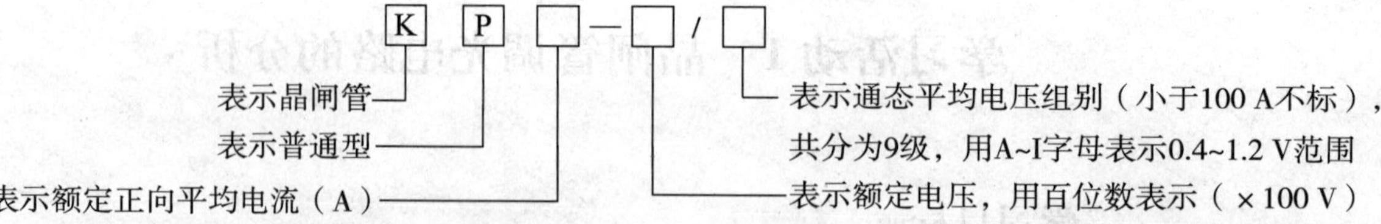

例如，3CT－5/500表示额定电流为5 A，额定电压为500 V的普通型晶闸管；KP100－12 G的晶闸管表示额定电流为100 A，额定电压1 200 V，正向通态平均电压组别为G的普通反向阻断型晶闸管。

（3）晶闸管的主要参数

1）正向断态重复峰值电压 U_{DRM}。在额定结温下，门极断路和晶闸管正向阻断的情况下，允许重复加在晶闸管上的最大正向峰值电压。一般比 U_{BO}低 100 V。

2）反向断态重复峰值电压 U_{RRM}。在额定结温下和门极断路的情况下，允许重复加在晶闸管上的反向峰值电压，一般取值比 U_{BO}低 100 V，它反映了阻断状态下晶闸管能承受的反向电压。通常 U_{RRM}和 U_{DRM}大致相等，习惯上统称为峰值电压。

3）通态平均电流 $I_{T(AV)}$。在环境温度超过 40°C 和规定的散热条件下，允许通过的工频正弦半波电流在一个周期内的最大平均值称为通态平均电流，简称正向电流。当晶闸管的导通角变小时，允许的平均电流必须适当降低。

4）通态平均电压 $U_{T(AV)}$。晶闸管正向通过正弦半波额定的平均电流、结温稳定时的阳极和阴极间的电压平均值称为通态平均电压，习惯上称为管压降。通态平均电压的组别共分为九级，用 A ~ I 表示。

5）维持电流 I_H。在规定的环境温度和门极断路的情况下，维持晶闸管继续导通时需要的最小阳极电流称为维持电流。它是晶闸管由通到断的临界电流，要使导通的晶闸管关断，必须使它的正向电流小于 I_H。

二、单结晶体管的认识

1. 单结晶体管的结构

单结晶体管内部有一个 PN 结，所以称为单结晶体管；有三个电极，分别是发射极和两个基极，所以又叫双基极二极管。单结晶体管实物、内部结构如图 5—1—3 所示。

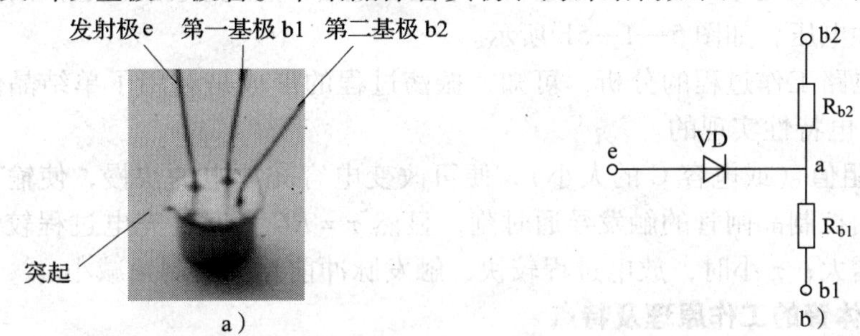

图 5—1—3　单结晶体管实物、内部结构图
a）实物图管脚　　b）内部等效电路

2. 单结晶体管的型号及图形符号（见图 5—1—4）

国产单结晶体管型号有 BT－33、BT－35 等。BT 表示半导体特种管，3 表示三个电极，第四个数字表示耗散功率，分别为 300 mW、500 mW。

3. 单结晶体管的工作原理

利用单结晶体管的负阻特性和 RC 电路的充放电特性，组成频率可调的振荡电路，产生晶闸管的触发脉冲。如图 5—1—5a 所示为单结晶体管脉冲振荡电路。其工作原理是：

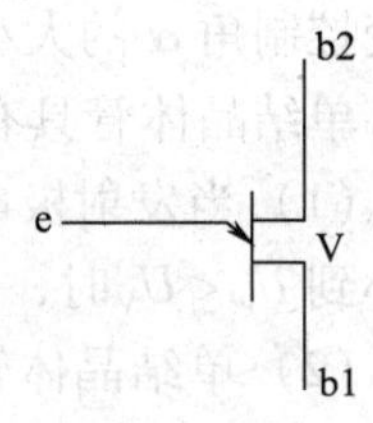

图 5—1—4　图形符号

接通电源 V_{BB}后，电源通过 R1、R2 加在单结晶体管的两个基极上，同时，电源通过 R_P、R_e给电容 C 充电，电容两端电压 u_c按指数规律增加。

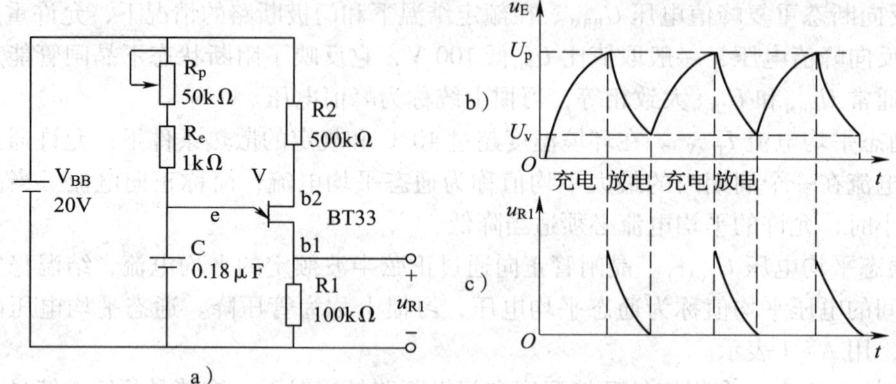

图 5—1—5　单结晶体管振荡电路及波形

a）电路　b）射极电压　c）输出电压

当 $u_c < U_P$时，单结晶体管截止，R1 上没有电压输出。当 u_c达到峰点电压 U_P时，单结晶体管导通，R_{B1}的阻值迅速减小，电容 C 通过 R_{B1}、R1 迅速放电，在 R1 上形成脉冲电压。

随着电容 C 的放电，u_e迅速下降，当 $u_e < U_V$时单结晶体管截止，放电结束，输出电压又降到零，完成一次振荡。

电源对电容再次充电，重复上述过程。于是在电容 C 上形成锯齿波脉冲，在 R1 上产生一系列的尖脉冲电压，如图 5—1—5b 所示。

通过上述电路工作过程的分析，可知，振荡过程的形成是利用了单结晶体管的负阻特性和 RC 的充放电特性实现的。

改变 R_P的阻值（或电容 C 的大小），便可改变电容充放电的快慢，使输出脉冲波形前移或后移，从而控制晶闸管的触发导通时刻，显然 $\tau = RC$ 大时，充电过程较慢，触发脉冲后移，控制角增大；τ 小时，放电过程较快，触发脉冲前移，控制角减小。

4. 单结晶体管的工作原理及特点

单结晶体管触发电路如图 5—1—6 所示。

利用同步变压器 T_S实现触发脉冲与主电路同步，经桥式整流，再经稳压管削波后，得到梯形波电压 U_Z，此电压作为单结晶体管的电源电压，由于每半个周期内第一个脉冲将晶闸管触发后，后面的脉冲均无作用，因此只要改变每半周的第一个脉冲产生的时间即改变了控制角 α 的大小。若电容 C 充电较快，U_C就很快达到 U_P，第一个脉冲输出的时间就提前；反之，第一个脉冲输出的时间就后移。在实际应用中可利用改变充电电阻 RP 的方法来改变控制角 α 的大小，从而达到触发脉冲移相的目的。

单结晶体管具有以下特点：

（1）当发射极电压 U_E等于峰点电压 U_P时，单结晶体管导通，导通之后当发射极电压减小到 $U_e < U_V$时，管子由导通变为截止。一般单结晶体管的谷点电压在 2 ~ 5 V。

（2）单结晶体管的发射极与第一基极的电阻 R_{B1} 是一个阻值随发射极电流增大而变小的电阻，R_{B2}则是一个与发射极电流无关的电阻。

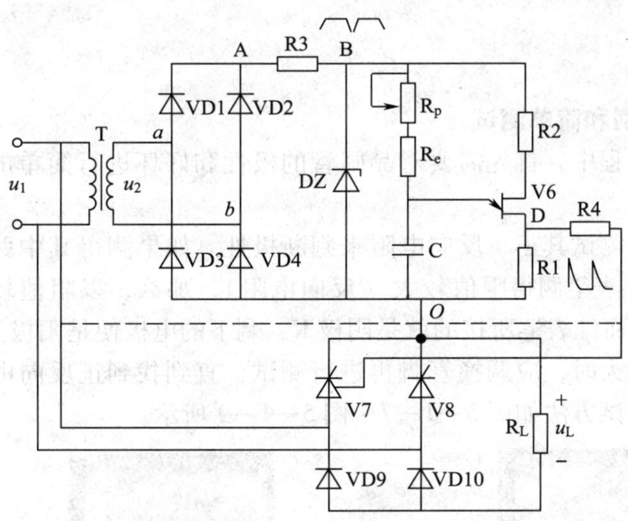

图 5—1—6　单结晶体管触发电路

(3) 不同的单结晶体管有不同的 U_P 和 U_V。同一只单结晶体管，若电源电压 U_{BB} 不同，它的 U_P 和 U_V 也有所不同。在触发电路中常选用 U_V 低一些或 I_V 大一些的单结晶体管。

单结晶体管触发电路具有电路简单、调试方便、脉冲前沿陡、抗干扰能力强等优点，但是它的输出功率和移相范围较小，脉冲较窄，多用于中小容量晶闸管的单相可控整流电路中。

任务实施

电子元件的检测

一、实训目的

1. 能检测判断晶闸管的好坏和极性。
2. 能进行单结晶体管的质量检测判别。

二、主要实训器材的认识

工具及材料清单见表 5—1—1。

表 5—1—1　　　　工具及材料清单

序号	代号与名称	规格	数量
1	晶闸管	BT151	1
2	单结晶体管	BT33	1
3	万用表	/	1
4	实验板	/	1
5	常用无线电工具	套	1

三、实训内容

1. 晶闸管的识别和简单测试

在实际的使用过程中，首先需要对晶闸管的极性和好坏进行简单的判断，常用万用表进行判别。

利用万用表通过测试其正、反向电阻来判断极性。如果测得其中两个电极间阻值较小（正向电阻），而交换表笔测得阻值较大（反向电阻），那么，以阻值较小的为准，黑表笔所接的就是门极 G，而红表笔所接的就是阴极 K，剩下的电极便是阳极。在测试中，如果测得的正反向电阻都很大时，应调换管脚再进行测试，直到找到正反向电阻值一大一小的两个电极为止。具体测试方法如图 5—1—7 ~ 图 5—1—9 所示。

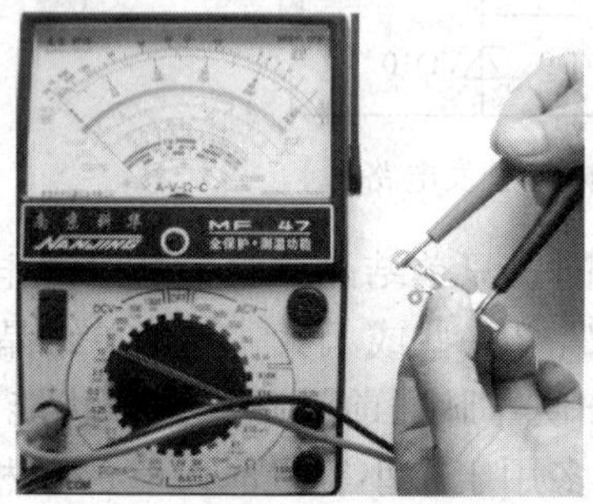

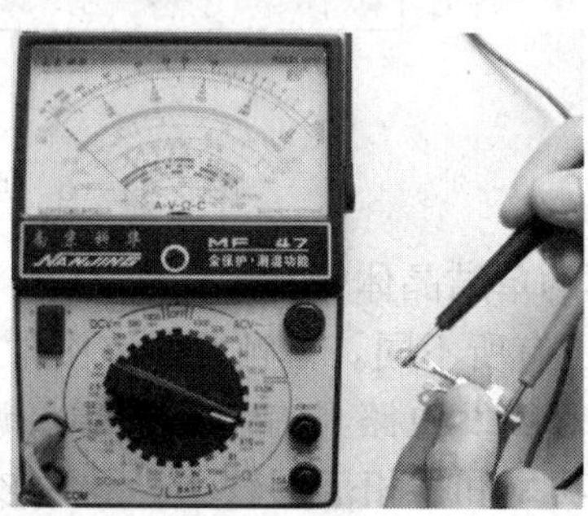

图 5—1—7 测量晶闸管 A 与 K 之间的正、反向电阻

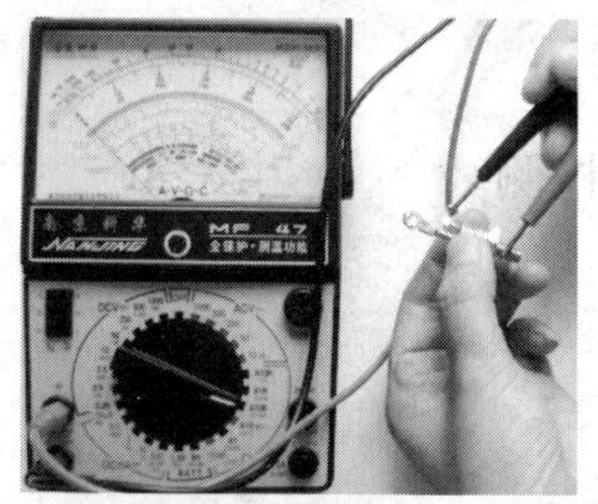

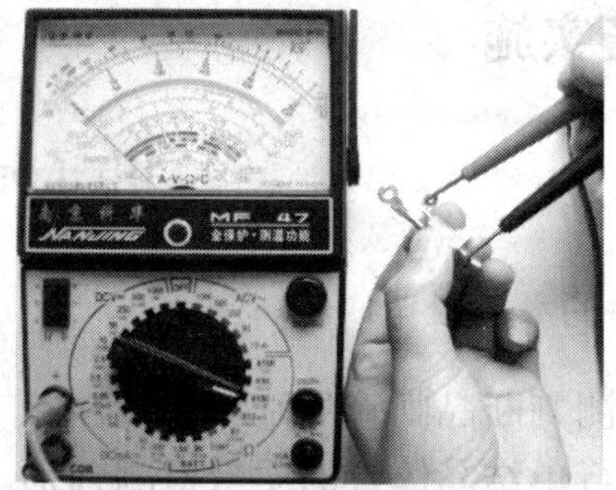

图 5—1—8 测量晶闸管 A 与 G 之间的正、反向电阻

图 5—1—9 测量晶闸管 G 与 K 之间的正、反向电阻

测试时可能出现的情况：

（1）阳极与阴极之间正反向阻值均为无穷大

原因：晶闸管是四层三端半导体器件，在阳极和阴极之间有三个 PN 结，无论如何加电压，至少有一个 PN 结处于反向阻断状态，因此正反向阻值均为无穷大。

（2）门极与阴极之间正反向阻值均不大

原因：在晶闸管内部门极与阴极之间反并联了一只二极管，对加到门极与阴极之间的反向电压进行限幅，防止晶闸管门极与阴极之间的 PN 结反向击穿。

小贴示

通过如图 5—1—10 所示的晶闸管工作特性试验，观察晶闸管导通和关断的规律，说明晶闸管的工作特性。电路图中晶闸管阳极 A、阴极 K、负载（这里是小灯泡）和电源 U_A 构成的回路称为主电路，U_A 为阳极电源。晶闸管门极 G、阴极 K、开关 S、限流电阻 R_G 和门极电源 U_G 构成的回路称为触发电路。

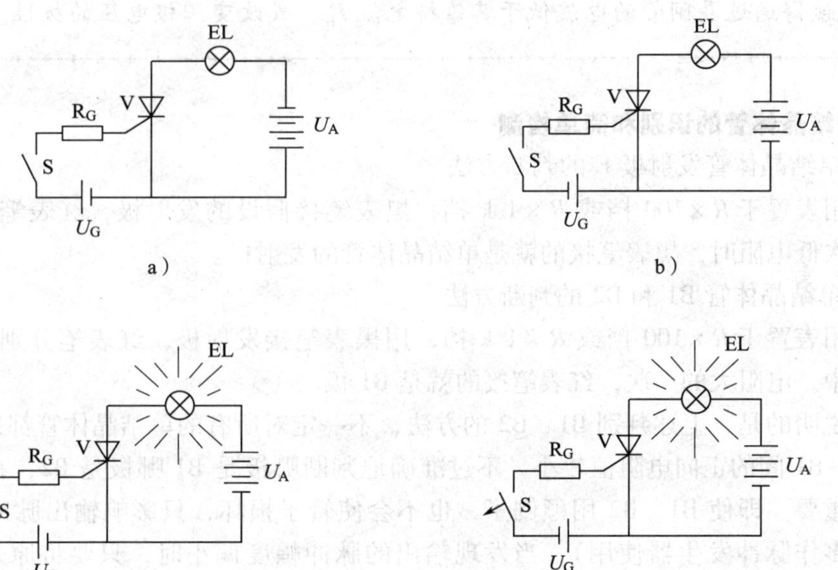

图 5—1—10　晶闸管工作特性

a）反向阻断　b）正向阻断　c）触发导通　d）除去触发信号仍导通

反向阻断：给晶闸管加上反向阳极电压，无论门极加什么极性的电压，灯泡均不亮，即晶闸管均不导通，这种状态称为反向阻断状态，如图 5—1—10a 所示。

正向阻断：给晶闸管加上正向阳极电压时，门极加上反向电压或者不加电压，灯泡均不亮，即晶闸管均不导通，这种状态称为正向阻断状态，如图 5—1—10b 所示。

触发导通：给晶闸管加上正向阳极电压，将开关 S 合上，即给门极加上正向电压，灯泡亮，即晶闸管导通，这种状态称为正向导通状态，如图 5—1—10c 所示。

晶闸管导通后，若将开关 S 断开，灯泡仍亮，这说明晶闸管一旦导通后，门极即失去控制作用，门极只起触发作用，如图 5—1—10d 所示。

通过上述试验，可知晶闸管导通和关断具有一定的规律性：

晶闸管与二极管相似也具有单向导电特性，但晶闸管的导通是通过门极控制的，所以晶闸管具有可控的单向导电特性。

晶闸管导通的条件是：阳极与阴极间加正向电压，同时在门极与阴极间加上正向电压。

晶闸管一旦导通，门极即失去控制作用。要使导通后的晶闸管关断，可降低阳极电压使得通过晶闸管的电流低于其维持电流 I_H，或改变阳极电压的极性。

2. 单结晶体管的识别和简单检测

（1）单结晶体管发射极 E 的判断方法

把万用表置于 $R\times100$ 挡或 $R\times1$ k 挡，黑表笔接假设的发射极，红表笔接另外两极，当出现两次低电阻时，黑表笔接的就是单结晶体管的发射极。

（2）单结晶体管 B1 和 B2 的判断方法

把万用表置于 $R\times100$ 挡或 $R\times1$ k 挡，用黑表笔接发射极，红表笔分别接另外两极，两次测量中，电阻大的一次，红表笔接的就是 B1 极。

应当说明的是，上述判别 B1、B2 的方法，不一定对所有的单结晶体管都适用，有个别管子的 E—B1 间的正向电阻值较小。不过准确地判断哪极是 B1 哪极是 B2，在实际使用中并不特别重要。即使 B1、B2 用颠倒了，也不会使管子损坏，只影响输出脉冲的幅度（单结晶体管多作脉冲发生器使用），当发现输出的脉冲幅度偏小时，只要将原来假定的 B1、B2 对调过来就可以了。

（3）单结晶体管性能好坏的判断

双基极二极管性能的好坏可以通过测量其各极间的电阻值是否正常来判断。用万用表 $R\times1$ k 挡，将黑表笔接发射极 E，红表笔依次接两个基极（B1 和 B2），正常时均应有几千欧至十几千欧的电阻值。再将红表笔接发射极 E，黑表笔依次接两个基极，正常时阻值为无穷大。

双基极二极管两个基极（B1 和 B2）之间的正、反向电阻值均为 2 ~ 10 kΩ 范围内，若测得某两极之间的电阻值与上述正常值相差较大时，则说明该二极管已损坏。

知识拓展

一、晶闸管可控整流电路

1. 单相半波可控整流电路

将单相半波整流电路中的二极管换成晶闸管即成单相半波可控整流电路，如图5—1—11所示。

晶闸管从开始承受正向阳极电压起，到触发导通其间的电角度称为控制角，用α表示。

(1) 工作原理

$u_2>0$（即$0\sim\pi$）时，晶闸管V承受正向电压，如果V的门极上没有触发脉冲，则V处于正向阻断状态，输出电压$u_L=0$。

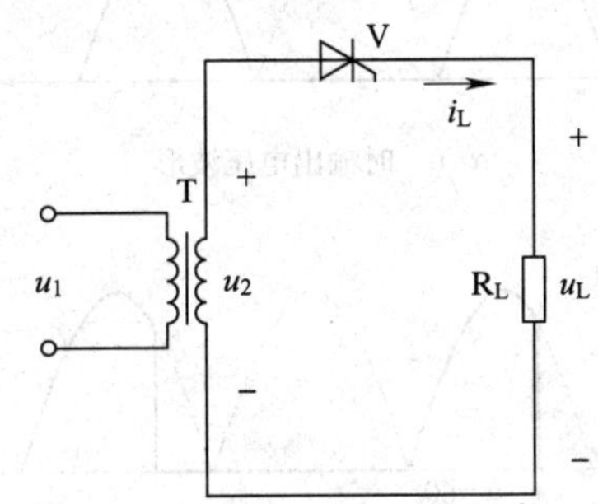

图5—1—11　单相半波可控整流电路

若在某时刻（控制角α）时，加触发脉冲u_g，V导通。在$\omega t=\alpha\sim\pi$期间，尽管触发脉冲u_g已消失，但晶闸管仍保持导通，直到u_2过零（$\omega t=\pi$）时，通过晶闸管V的电流小于维持电流，晶闸管自行关断。在此期间$u_L=u_2$，极性为上正下负。

$u_2<0$（即$\pi\sim2\pi$）时，晶闸管V由于承受反向电压而反向阻断，输出电压$u_L=0$。直到下一个周期到来时，且控制角为α有触发脉冲u_g时，晶闸管将再次导通，如此循环往复，在负载上得到单一方向的直流电压，如图5—1—12所示为控制角为α时工作波形。

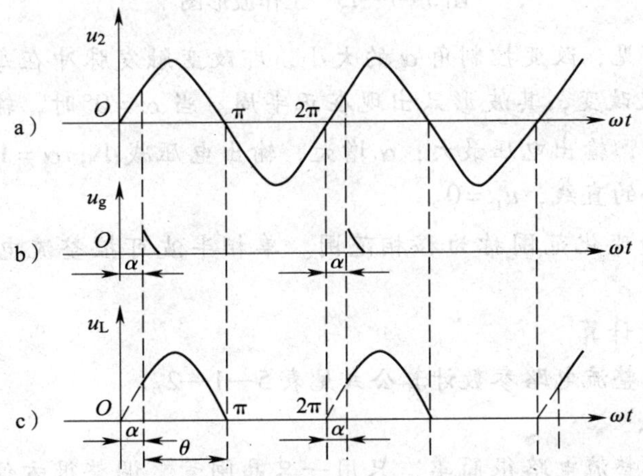

图5—1—12　输出电压工作波形

a）变压器次级电压　b）触发脉冲　c）输出电压

晶闸管在一个周期内导通的电角度称为导通角，用 θ 表示。由图 5—1—12 可知，$\theta=\pi-\alpha$。控制角 α 越大，导通角 θ 越小。

控制角 α 分别为 0°、30°、60°、90°、180°时电路的工作波形如图 5—1—13 所示。

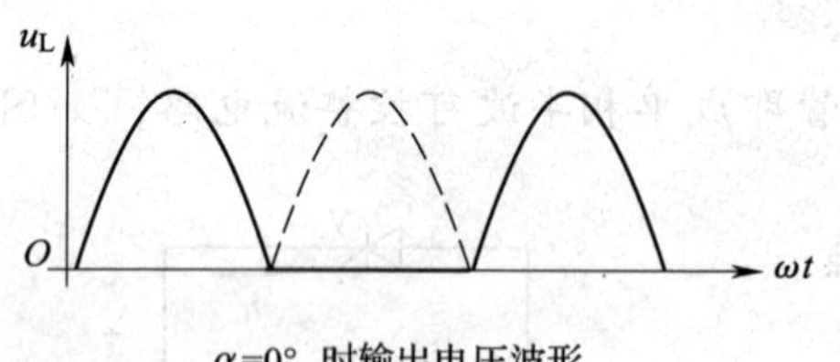

α=0° 时输出电压波形

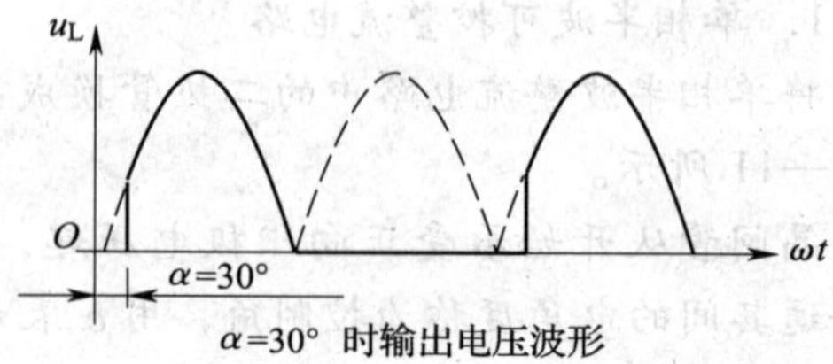

α=30° 时输出电压波形

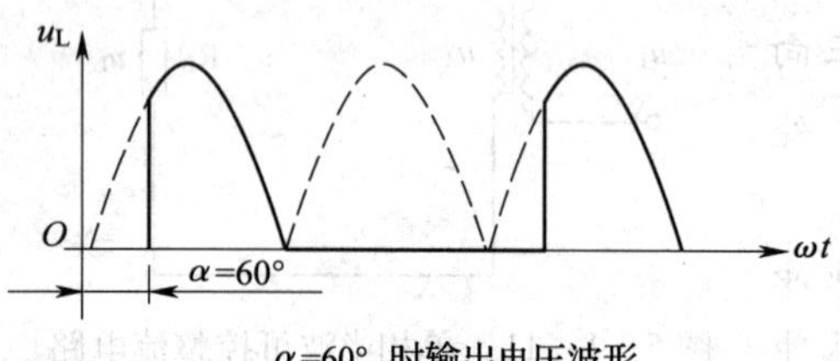

α=60° 时输出电压波形

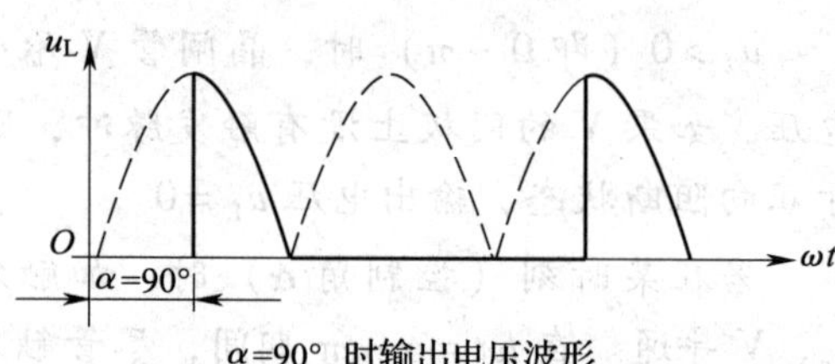

α=90° 时输出电压波形

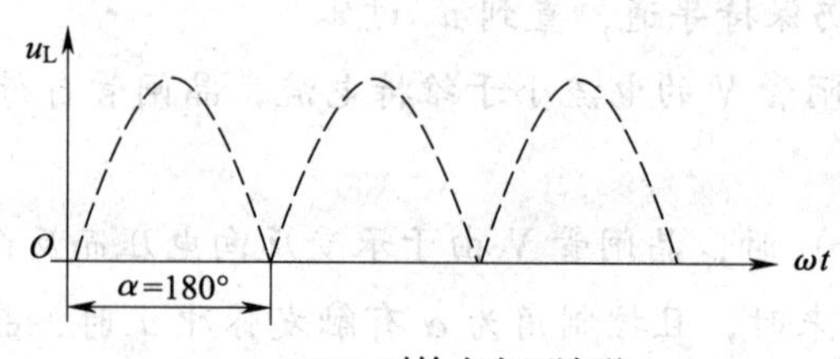

α=180° 时输出电压波形

图 5—1—13 工作波形图

由输出波形可见，改变控制角 α 的大小，即改变触发脉冲在每周期内触发的时刻，u_L 的波形随之改变，其波形只出现在正半周。当 $\alpha=0°$ 时，输出波形同单相半波整流电路，这时，输出电压最大；α 增大，输出电压减小；$\alpha=180°$ 时，输出波形是一条与横轴重合的直线，$u_L=0$。

把控制角 α 的变化范围称为移相范围。单相半波可控整流电路的移相范围为 0°～180°。

(2) 主要参数计算

单相半波可控整流电路参数计算公式见表 5—1—2。

(3) 电路特点

单相半波可控整流电路很简单，只用一只晶闸管，调整很方便，缺点是整流输出电压脉动大、设备利用率不高等，只适用于对直流电压要求不高的小功率可控整流设备中。

表 5—1—2　　单相半波可控整流电路参数计算公式

电路参数	计算公式
输出电压平均值	$U_L = 0.45U_2 \frac{1 + \cos\alpha}{2}$
负载电流平均值	$I_L = \frac{U_L}{R_L}$
通过晶闸管的电流平均值	$I_T = I_L$
晶闸管承受的最大电压	$U_{RM} = \sqrt{2}U_2$

2. 单相桥式可控整流电路

将单相桥式整流电路中两只整流二极管换成两只晶闸管便组成了单相半控桥式整流电路，如图 5—1—14 所示。晶闸管 V1、V2 的阴极接在一起，组成共阴极的电路形式；二极管 VD3、VD4 组成共阳极的电路形式。

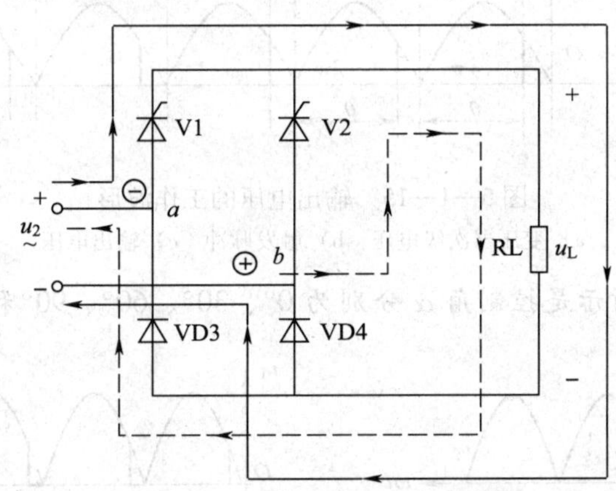

图 5—1—14　单相半控桥式整流电路

(1) 工作原理

触发脉冲同时送给 V1、V2 的门极。V1 和 V2 的阳极电位最高，且受到触发才能导通；VD3 和 VD4 阴极电位最低，且当 V1 或 V2 导通时才能导通。在任何时刻必须有共阴组的一个晶闸管和共阳极组的一个二极管同时导通，才能使整流电流流通。

$u_2 > 0$ 时，晶闸管 V1 和二极管 VD4 承受正向电压，如果未加触发电压，则晶闸管处于正向阻断状态，输出电压 $u_L = 0$。

在控制角为 α 时，加入触发脉冲 u_g，晶闸管 V1 被触发导通，导通电流的方向如图 5—1—14 中实线所示。在 $\omega t = \alpha \sim \pi$ 期间，尽管触发脉冲 u_g 已消失，但晶闸管仍保持导通，直至 u_2 过零（$\omega t = \pi$）时，晶闸管自行关断。在此期间，$u_L = u_2$，极性为上正下负，$i_{v1} = i_{VD4} = i_L$。

$u_2<0$ 时，晶闸管 V2 和二极管 VD3 承受正向电压，只要触发脉冲 u_g 到来，晶闸管就导通。导通电流的方向如图 5—1—14 中虚线所示。输出电压 $u_L=u_2$，仍为上正下负，$i_{V2}=i_{VD3}=i_L$。当 u_2 过零时，V2 关断，如此循环往复。如图 5—1—15 所示为控制角为 α 时输出电压的波形。

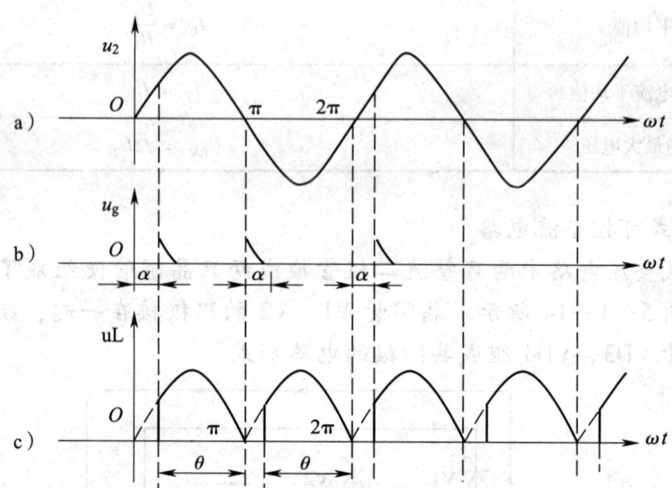

图 5—1—15　输出电压的工作波形

a）变压器次级电压　b）触发脉冲　c）输出电压

如图 5—1—16 所示是控制角 α 分别为 0°、30°、60°、90°和 180°时输出电压的工作波形。

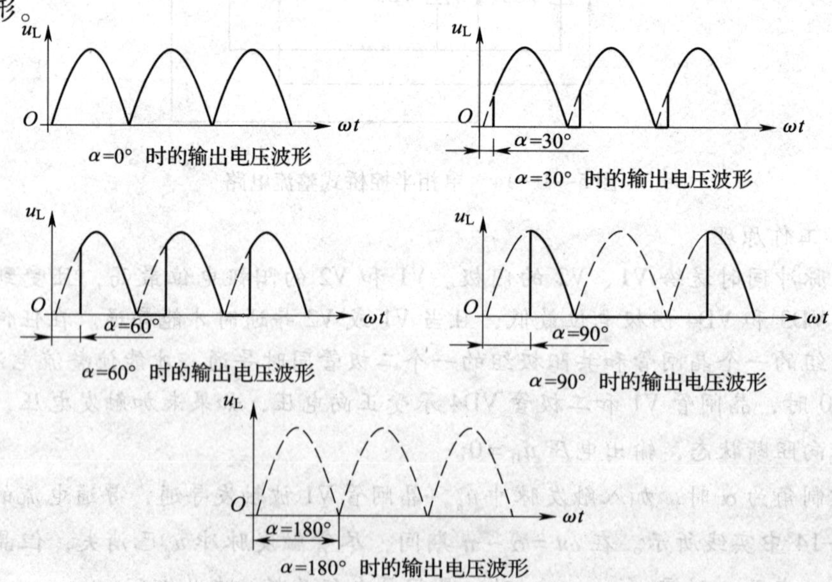

图 5—1—16　输出电压的工作波形

改变触发脉冲的时间，即改变控制角 α，就能改变整流电路输出电压 u_L 的大小：当 $\alpha=0°$ 时，输出波形同单相桥式整流电路，输出电压最大；α 增大，输出电压减小；$\alpha=180°$ 时，$u_L=0$。单相半控桥整流电路的移相范围为 0°～180°。

（2）主要参数计算

单相半控桥式整流电路参数计算公式见表 5—1—3。

表 5—1—3　　单相半控桥式整流电路参数计算公式

电路参数	计算公式
输出电压平均值	$U_L = 0.9U_2\frac{1+\cos\alpha}{2}$
负载电流平均值	$I_L = \frac{U_L}{R_L}$
通过晶闸管的电流平均值	$I_T = \frac{1}{2}I_L$
晶闸管承受的最大电压	$U_{RM} = \sqrt{2}U_2$

（3）电路特点

与单相半波可控整流电路相比，整流输出电压较大，脉动较小，设备利用率较高等，所以应用较广。

二、晶闸管触发电路

1．单结晶体管的触发电路

如图 5—1—17 所示为有触发电路的单相半控桥式整流电路，该触发电路的工作原理如下：

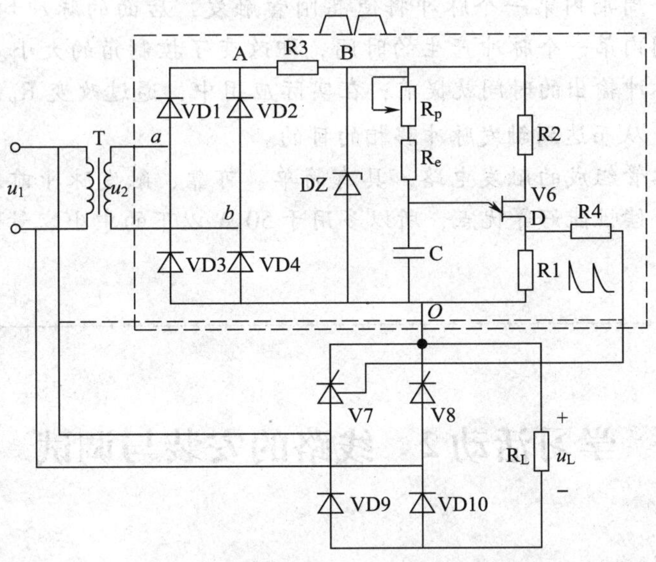

图 5—1—17　单结晶体管同步触发电路

交流电经桥式整流，得到如图 5—1—18 所示的整流输出电压波形。再经稳压管的稳压，在稳压管两端得到如图 5—1—19 所示的梯形波。由于梯形波电压和交流电压同时为零，所以就可保证触发电路的电源电压与交流电源电压的同步。该同步电压作为触发电路的电源通过 R_P、R_e 向电容 C 充电，电容的端电压 u_c 按指数规律上升。单结晶体管的发射极电压 u_E 等于电容两端电压 u_c。

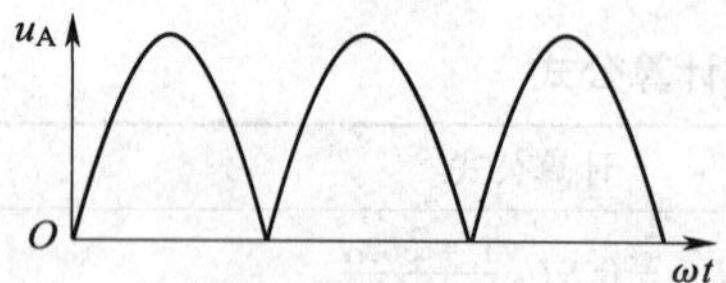

图 5—1—18　整流输出电压波形

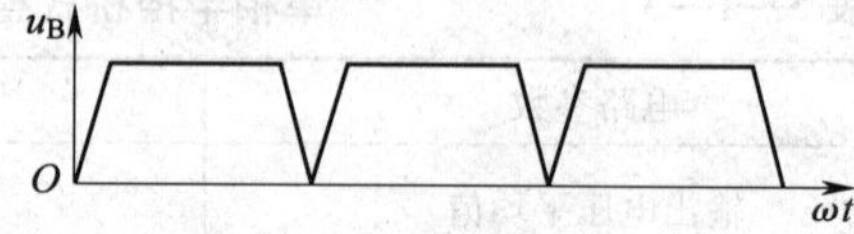

图 5—1—19　稳压管两端的电压波形

当 $u_c < u_P$ 时，单结晶体管处于截止状态，触发电路输出电压 $u_g = 0$。

当 u_c 上升到 $u_c = u_P$ 时，单结晶体管由截止变为导通，其电阻 RB1 急剧减小，于是电容 C 经 E→B1→R1 迅速放电，放电电流通过 R1 转变为尖脉冲电压 u_g。

当 u_c 下降到 $u_c < u_V$ 时，单结晶体管截止，输出电压 $u_g = 0$。

截止以后电源再次经 R_P、R_e 向电容 C 充电，重复上述过程。于是在电阻 R1 上通过 R4 得到一个又一个的脉冲电压 u_g 波形，如图 5—1—20 所示。

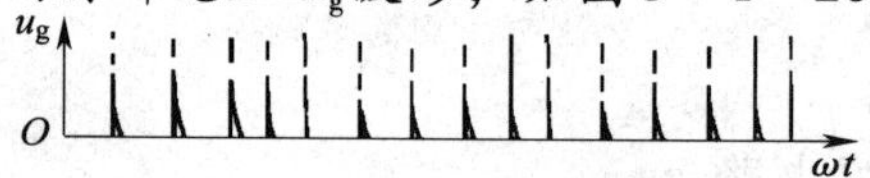

图 5—1—20　输出脉冲波形

由于每半个周期内第一个脉冲将使晶闸管触发，后面的脉冲均无作用，因此，只要改变每半周内第一个脉冲产生的时间，即改变了控制角的大小。若电容 C 充电较快，第一个脉冲输出的时间就提前；在实际应用中，通过改变 R_P 的大小可改变控制角 α 的大小，从而达到触发脉冲移相的目的。

由单结晶体管组成的触发电路，具有简单、可靠、触发脉冲前沿陡、抗干扰能力强以及温度补偿性能好等优点，所以多用于 50 A 以下的中小容量的单相可控整流电路中。

学习活动 2　线路的安装与调试

学习目标

1. 能根据晶闸管调光电路原理图列出元件清单，领取、核对、检测和筛选元器件。

2. 能按图样、工艺要求、安全规范和要求对电路进行安装。

3. 能正确使用仪表进行测试检查，验证电路安装的正确性，能按照技术参数要求进行电路调试。

知识准备

晶闸管调光电路的工作原理如图 5—2—1 所示。

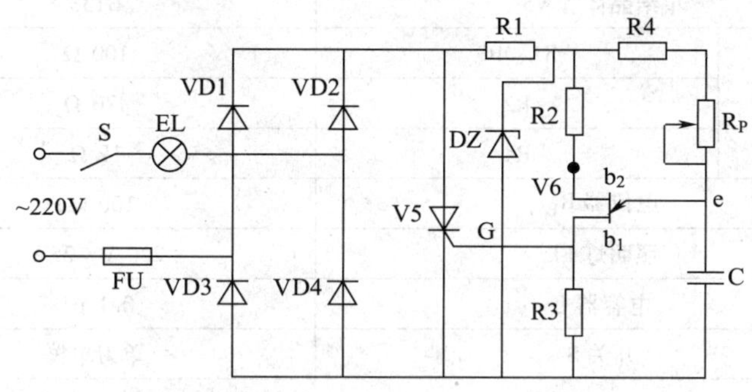

图 5—2—1　晶闸管调光电路的工作原理

V6、R2、R3、R4、R_P、C 组成单结晶体管的张弛振荡器。在接通电源前，电容 C 上电压为零；接通电源后，电容经由 R4、R_P 充电使电压 u_c 逐渐升高。

当电容两端电压 u_c 达到峰点电压时，e—b1 间变成导通，电容上电压经 e—b1 向电阻 R3 放电，在 R3 上输出一个脉冲电压。随着 C 的放电，u_c 很快下降，放电电流也迅速衰减。当 u_c 降到谷点电压后，管子恢复了阻断。由于 R4、R_P 的电阻值较大，当电容上的电压降到谷点电压时，电流小于谷点电流，不能满足导通要求，于是单结晶体管恢复阻断状态。

此后，电容又重新充电，重复上述过程，结果在电容上形成锯齿状电压，在 R3 上形成脉冲电压。

在交流电压的每个半周期内，单结晶体管都将输出一组脉冲，起作用的第一个脉冲去触发 V5 的门极，使晶闸管导通，灯泡发光。改变 R_P 的电阻值，可以改变电容充电的快慢，即改变锯齿波的振荡频率。从而改变晶闸管 V5 的导通角大小，即改变了可控整流电路的直流平均输出电压，达到调节灯泡亮度的目的。

任务实施

一、实训目的

1. 能制定学习任务工作计划。
2. 能正确安装晶闸管调光电路。
3. 能正确测量晶闸管调光电路参数。

二、主要实训器材的认识

工具及材料清单见表 5—2—1。

表 5—2—1　　工具及材料清单

序号	代号与名称		规格	数量
1	整流二极管 VD1、VD2、VD3、VD4		IN4007	4
2	稳压二极管 DZ		2CW132	1
3	晶闸管 V		BT151	1
4	单结晶体管 V5		BT33	1
5	电阻器	R1、R3	100 Ω	2
6		R2	470 Ω	1
7		R4	1k Ω	1
8	电位器 R_P		100 kΩ	1
9	照明灯 EL		220 V　25W	1
10	电容器 C		0.1 μF	1
11	开关 S		单刀单掷	1
12	实验板			1
13	常用无线电工具		套	1
14	导线			若干
15	熔断器 FU		250 V/A	1

三、实训内容

1. 晶闸管调光电路的安装（见表 5—2—2）

表 5—2—2　　晶闸管调光电路的安装

项目	操作图	操作步骤及要点	相关知识
电路的安装与接线		配齐元器件，并用万用表检查元件的性能及好坏	将万用表置 $R\times1$ k 挡，测量晶闸管任意两脚间的电阻，当万用表指示低阻值时，黑表笔所接为门极 G，红表笔所接为阴极 K，其余一脚为阳极 A。其他情况下所测电阻均为无穷大
		清除元件的氧化层，并搪锡	剥去电源连接线及负载连接线的线端绝缘，清除氧化层，均加以搪锡处理

续表

项目	操作图	操作步骤及要点	相关知识
电路的安装与接线	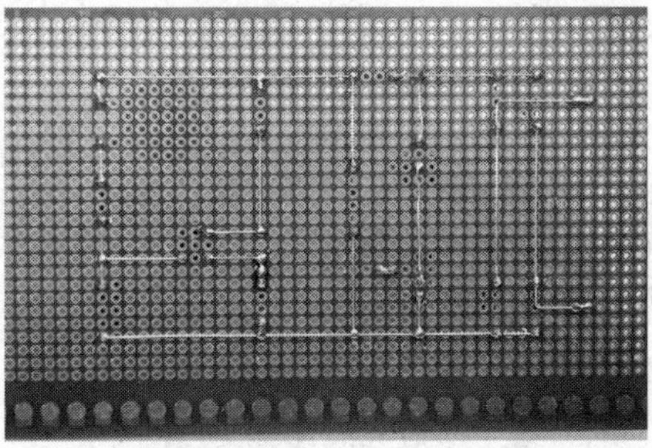	将元器件插装后再焊接固定，用硬铜导线根据电路的电气连接关系进行布线并焊接固定	不可出现虚焊、假焊及漏焊现象，一经发现应及时纠正

2．晶闸管调光电路的调试

（1）晶闸管调光电路调试要求与方法

按照焊接操作的基本工艺要求焊接电路。焊接完成后，对电路的装接质量进行自检，重点是装配的准确性，包括元件位置，焊点质量应无虚焊、假焊、漏焊、空隙、毛刺等；没有其他影响安全性指标的缺陷；做好元件整形。检查电路装接无误后，经教师允许，即可进行通电测试。

（2）晶闸管调光电路各关键点参数的测量（见表 5—2—3）

表 5—2—3　　晶闸管调光电路各关键点参数的测量

测试		在胶木板上安装开关、熔断器等元件。同时，要求做好电源引线的连接和电路板交流输入端的连接	
	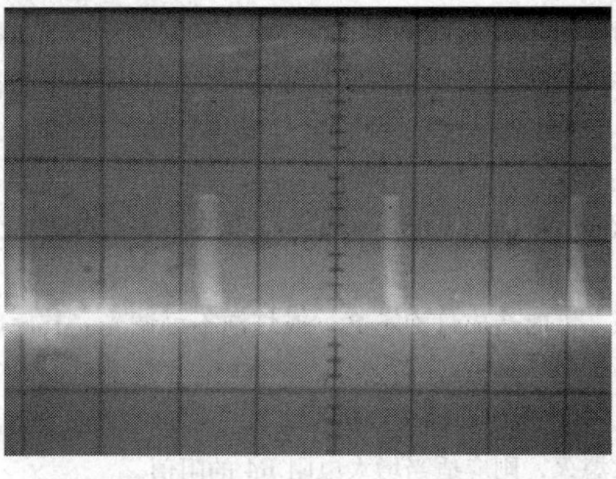	接通电源，用示波器观察单结晶体管触发电路的输出波形	调节 R_P，可改变输出波形的快慢

续表

<table>
<tr><td rowspan="3">测试</td><td colspan="2">波形形状
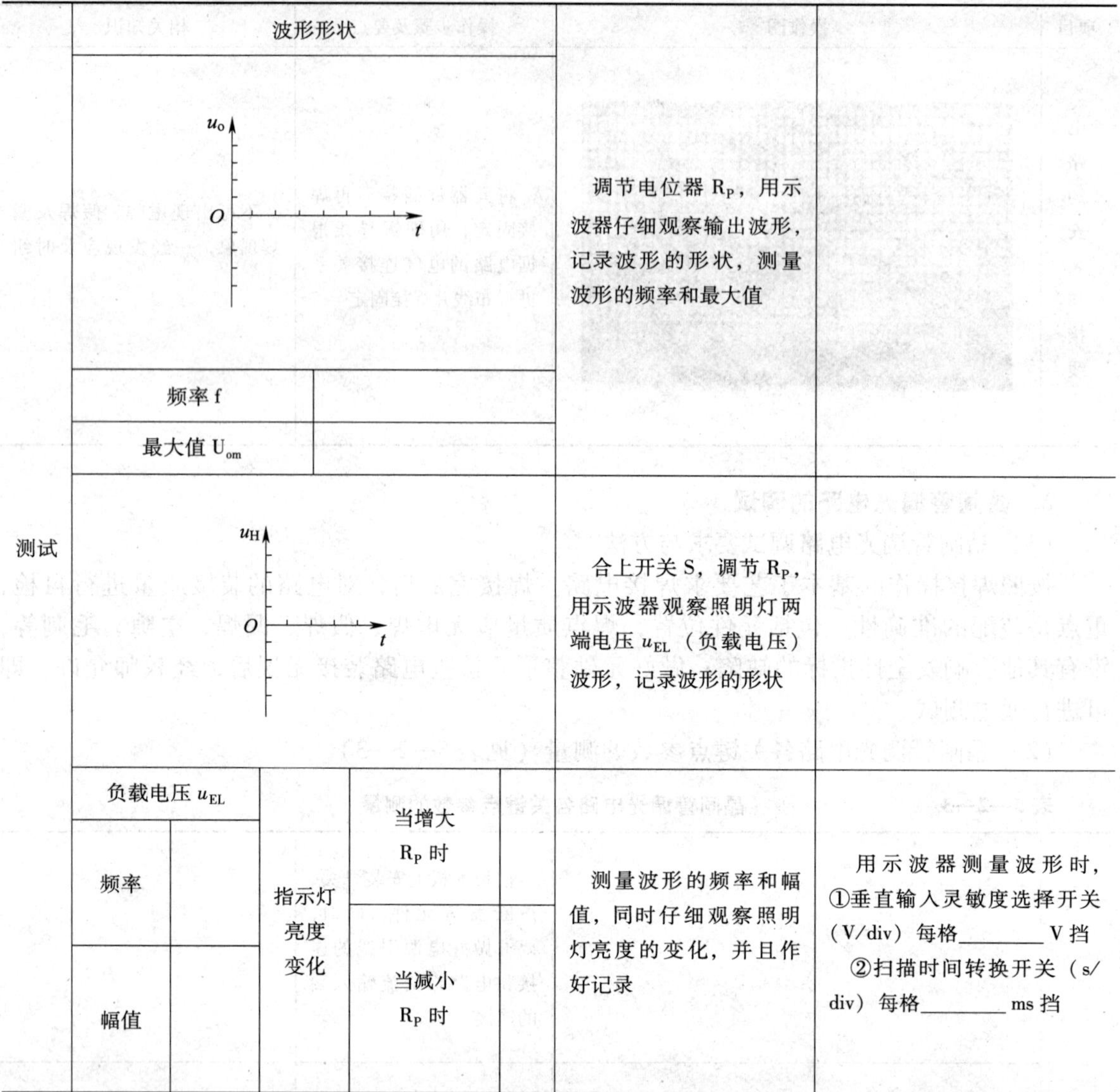
</td><td rowspan="2">调节电位器 R_P，用示波器仔细观察输出波形，记录波形的形状，测量波形的频率和最大值</td><td rowspan="2"></td></tr>
<tr><td>频率 f</td><td></td></tr>
<tr><td>最大值 U_{om}</td><td></td><td></td><td></td></tr>
<tr><td></td><td colspan="2"></td><td>合上开关 S，调节 R_P，用示波器观察照明灯两端电压 u_{EL}（负载电压）波形，记录波形的形状</td><td></td></tr>
<tr><td></td><td colspan="2">
<table>
<tr><td colspan="2">负载电压 u_{EL}</td><td rowspan="3">指示灯亮度变化</td><td>当增大 R_P 时</td><td></td></tr>
<tr><td>频率</td><td></td><td rowspan="2">当减小 R_P 时</td><td rowspan="2"></td></tr>
<tr><td>幅值</td><td></td></tr>
</table>
</td><td>测量波形的频率和幅值，同时仔细观察照明灯亮度的变化，并且作好记录</td><td>用示波器测量波形时，①垂直输入灵敏度选择开关（V/div）每格________V 挡
②扫描时间转换开关（s/div）每格________ms 挡</td></tr>
<tr><td>注意事项</td><td colspan="4">（1）带开关电位器用螺母固定在印制电路板的孔上，电位器接线脚用导线连接到印制电路板的所在位置。
（2）灯泡安装在灯头插座上，灯头插座固定在印制电路板上。根据灯头插座的尺寸，在印制电路板上钻固定孔和导线穿接孔。
（3）印制电路板四周用四个螺母固定、支撑。
（4）由于电路直接与 220 V 相连接，调试时应注意安全，防止触电。调试前要认真、仔细检查各元件安装情况。最后接上灯泡，进行调试。
（5）由 BT33 组成的单结晶体管张弛振荡电路停振，可能造成灯泡不亮，或灯泡不可调光。其原因可能是 BT33 或 C 损坏。
（6）电位器顺时针旋转时，灯泡逐渐变暗，可能是电位器中心抽头接错位置。
（7）当调节电位器 R_P 的阻值至最小时，灯泡突然熄灭，则应适当增大电阻 R4 的阻值。</td></tr>
</table>

3．技能训练成绩评价（见表5—2—4）

表5—2—4　　技能训练成绩评价表

<table>
<tr><th rowspan="2">评价项目</th><th rowspan="2" colspan="2">评价标准</th><th rowspan="2">分值</th><th colspan="3">评分</th></tr>
<tr><th>自我评价</th><th>小组评价</th><th>教师评价</th></tr>
<tr><td rowspan="3">装配</td><td>布线</td><td>1．布局合理、紧凑
2．导线横平、竖直，转角成直角，无交叉
3．元件间连接关系和电路原理图一致</td><td>20分</td><td></td><td></td><td></td></tr>
<tr><td>插件</td><td>1．电阻器、二极管水平安装，贴近电路板
2．元件安装平整、对称
3．按图装配，元件的位置、极性正确</td><td>20分</td><td></td><td></td><td></td></tr>
<tr><td>焊接</td><td>1．焊点光亮、清洁、焊料适量
2．布线平直
3．无漏焊、虚焊、假焊、搭焊等现象
4．焊接后元件引脚剪脚留头长度小于1 mm</td><td>20分</td><td></td><td></td><td></td></tr>
<tr><td rowspan="2">测试</td><td>总装</td><td>1．总装符合工艺要求
2．导线连接正确，绝缘恢复良好
3．不损伤绝缘层和元器件表面涂敷层
4．紧固件牢固可靠</td><td>10分</td><td></td><td></td><td></td></tr>
<tr><td>测试</td><td>1．按测试要求和步骤正确测量
2．正确使用万用表
3．正确使用示波器观察波形</td><td>20分</td><td></td><td></td><td></td></tr>
<tr><td>安全、文明</td><td colspan="2">1．安全用电，不人为损坏元器件、加工件和设备等
2．保持工作环境整洁、秩序井然，操作习惯良好</td><td>10分</td><td></td><td></td><td></td></tr>
<tr><td colspan="4">合计</td><td></td><td></td><td></td></tr>
</table>

四、综合评价（见表5—2—5）

评价考核分四个等级：A（100～90）、B（89～75）、C（74～60）、D（59～0）。

表5—2—5　　综合评价表

<table>
<tr><th rowspan="2">项目名称</th><th rowspan="2">评价内容</th><th rowspan="2">配分</th><th colspan="3">评价分数</th></tr>
<tr><th>自评</th><th>互评</th><th>师评</th></tr>
<tr><td rowspan="3">职业素养考核项目（40%）</td><td>劳动保护用品穿戴整洁</td><td>6分</td><td></td><td></td><td></td></tr>
<tr><td>安全意识、责任意识、服从意识</td><td>6分</td><td></td><td></td><td></td></tr>
<tr><td>积极参加教学活动，按时完成学生工作页</td><td>10分</td><td></td><td></td><td></td></tr>
</table>

续表

项目名称	评价内容		配分	评价分数		
				自评	互评	师评
职业素养考核项目（40%）	团队合作、与人交流能力		6 分			
	劳动纪律		6 分			
	生产现场管理 6S 标准		6 分			
专业能力考核项目（60%）	专业知识查找及时、准确		12 分			
	操作符合规范		18 分			
	操作熟练，工作效率高		12 分			
	成品的验收质量高		18 分			
总　分						
总评	自评（20%）+互评（20%）+教师评（60%）	综合等级		教师（签名）:		

任务六　晶闸管调光台灯的检修

学习目标

1. 能根据原理图，分析故障现象，判别故障范围，能正确使用仪器仪表测试确定故障点。

2. 能独立规范使用工具，排除故障。

3. 能独立进行功能测试，恢复线路功能，通过验收，填写验收表格，并签字确认。

建议课时

30 课时

任务描述

实习工厂办公室有一晶闸管调光台灯出现故障影响了工作，急需维修，工厂负责人把这一任务交给维修电工班，要求两个小时内完成。

工作流程与活动

学习活动 1　检修准备

学习活动 2　实施线路维修

学习活动 1　检 修 准 备

学习目标

1. 能正确进行电子元器件代换。
2. 能正确分析晶闸管调光电路的工作原理。
3. 能正确进行元器件拆焊。

知识准备

一、认识电子元件

1. 电子元器件代换原则、方法

在维修、设计或试制电子产品中，常常会碰到电子元器件代换问题，如果掌握了元器件的代换原则就能使工作初见成效。代换原则是三项：类型相同、特性相近、外形相似。

例如，晶闸管的代换：晶闸管损坏后，若无同型号的晶闸管更换，可以选用与其性能参数相近的其他型号晶闸管来代换。

应用电路在设计时，一般均留有较大的裕量。在更换晶闸管时，只要注意其额定峰值电压（重复峰值电压）、额定电流（通态平均电流）、门极触发电压和门极触发电流即可，尤其是额定峰值电压与额定电流这两个指标。

代换晶闸管应与损坏晶闸管的开关速度一致。例如，在脉冲电路、高速逆变电路中使用的高速晶闸管损坏后，只能选用同类型的快速晶闸管，而不能用普通晶闸管来代换。

选取代用晶闸管时，不管什么参数，都不必留过大的裕量，应尽可能与被代换晶闸管的参数相近，因为过大的裕量不仅是浪费，而且有时还会起副作用，出现不触发或触发不灵敏等现象。

另外，代换晶闸管应与损坏晶闸管的外形相同，否则会不利于安装。

2. 元器件拆焊的原则、方法

（1）拆焊的原则

拆焊工作中最大的困难是容易损坏元器件、导线和焊点。在印制电路板上拆焊时容易剥落焊盘及印制导线，造成整个印制电路板报废。拆焊的原则是：

1）要尽量避免损坏元器件。实在无法避免时，要权衡利弊，决定取舍，以保证整机产品的质量不受影响。

2）拆焊印制电路板的元器件时，要保证印制电路板不受损坏。拆除决定舍去的元器件时，可先将其引线剪掉再进行拆焊。

3）在拆焊过程中不要拆、动、移其他元器件，如需要时应做好修复工作。

（2）拆焊方法

一般焊点的拆焊方法有两种，一种是剪断拆焊法，另一种是保留拆焊法。

1）剪断拆焊法。在待拆焊点上，元器件引线或导线都有再焊接的余量，或在元器件可以舍去的情况下，可采用剪断进行拆焊。此方法简单又不易损坏元器件或导线，对焊接点也有利。

操作时，先用偏口钳齐着焊点根部剪断导线或元器件引线，再用电烙铁加热焊接点，去掉焊锡，露出残留线头的轮廓。接着用镊子挑开线头，在烙铁头的帮助下用镊子取下线头，然后清理焊接点备用。

在一般整机产品上，元器件引线及导线留有的余量有限，如剪断后再焊一般不符合出厂要求。所以在实际生产中较少采用此法。

2）保留拆焊法。这种方法能完好地保留元器件的引线或导线的端头，拆焊后可以重新焊接。但此方法的要求比较严格，操作较困难。

①搭焊点的拆焊。这类焊接点拆焊较容易，如果原接点上套有绝缘管，要先退出绝缘套，再用烙铁头蘸松香加热焊接点，待焊锡熔化后挪开导线，清除焊接点上的剩余焊锡

即可。

②钩焊点的拆焊。首先用烙铁头去掉焊锡，然后撬起引线，再将引线抽出。在去掉接点上的焊锡时，要将烙铁头放置在接点的下边，让焊锡流向烙铁头。

二、晶闸管调光台灯的工作原理

如图 6—1—1 所示为晶闸管调光台灯的工作原理图，VD1 ~ VD4 是整流电路部分。电容 C、R_P、R2、R3、R4、VD8、VT7 组成单结晶体管触发电路。220 V 交流电源通过变压器得到 12 V 交流电压，经过 VD1 ~ VD4 整流电路得到直流电，为 VT7 触发电路、HL 提供电源。直流电源通过 R2、R3 加到单结晶体管的两个基极上，同时又通过 R4、R_P 向电容器 C 充电。如果电容器 C 上初始电压为零，则电容器 C 两端的电压 u_c从零开始按指数规律逐渐上升。在 u_c（$u_c = u_E$）$< U_p$时，单结晶体管处于截止状态，R1 两端输出电压近似为零。当 u_c达到峰点电压 U_p时，单结晶体管的 E、B1 极之间突然导通，电阻 RB1 阻值急剧减小，电容上的电压通过 RB1 和 R3 放电，由于 RB1 和 R3（200 Ω）都很小，放电很快，放电电流在 R3 上形成一个脉冲电压。当下降到谷点电压 U_v以下时，E 极和 B1 极之间恢复阻断状态，单结晶体管从导通跳变到截止，输出电压 U_{R3}下降到零，完成一次振荡。

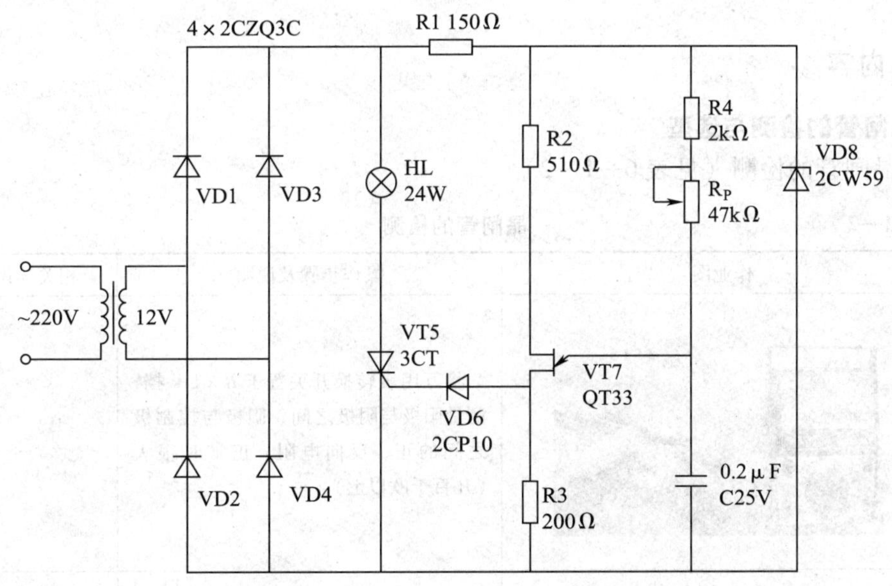

图 6—1—1　晶闸管调光台灯工作原理图

当 E、B1 极之间截止后，电源又对 C 充电，并重复上述过程，结果在 R3 上得到一个周期性尖脉冲输出电压。

该电路的工作过程是利用了单结晶体管的负阻效应和 RC 充放电特性。改变 R_P 的大小，便可改变电容充放电的快慢，使输出的脉冲波形移前或移后，从而控制晶闸管的触发导通时刻。显然 $\tau = RC$ 较大时，触发脉冲后移；τ 较小时，触发脉冲前移。

任务实施

一、实训目的

1. 能做好检修前准备工作。
2. 能正确进行电子元件的检测。

二、认识主要实训器材

工具及材料清单见表6—1—1。

表6—1—1　　工具及材料清单

序号	名称	数量
1	晶闸管	1只
2	单结晶体管	1只
3	导线	若干
4	万用表	1只
5	常用无线电工具	1套

三、实训内容

1. 晶闸管的检测与选型

（1）晶闸管的检测（见表6—1—2）

表6—1—2　　晶闸管的检测

项目	作业图	操作步骤及说明	相关知识及要点
晶闸管的检测	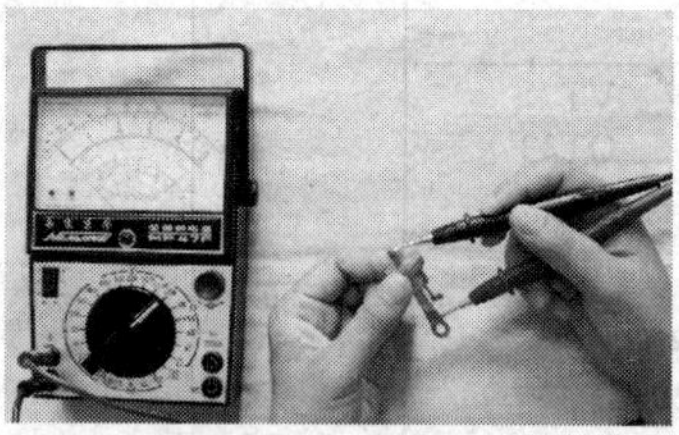	将万用表转换开关置于$R\times1$ k挡，测量阳极与阴极之间、阳极与控制极之间的正、反向电阻，正常时很大（几百千欧以上）	
	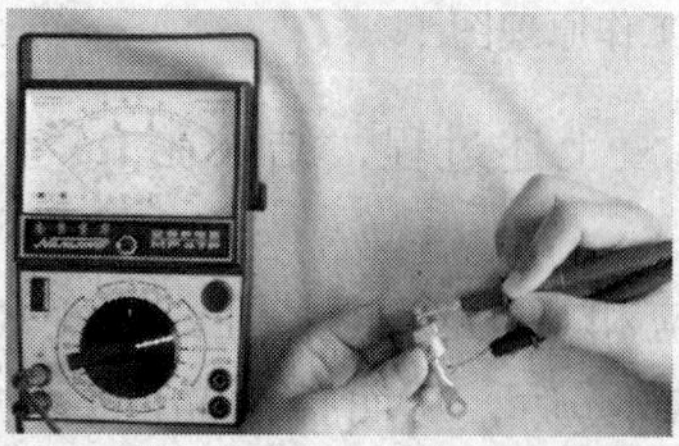	将万用表转换开关置于$R\times1$或$R\times10$挡，测出门极对阴极正向电阻，一般应为几欧至几百欧，反向电阻比正向电阻要大一些。其反向电阻不太大不能说明门极与阴极间短路；大于几千欧时，说明门极与阴极间断路	

续表

项目	作业图	操作步骤及说明	相关知识及要点
晶闸管的检测		将万用表转换开关置于 $R\times100$ 或 $R\times10$ 挡，黑表笔接 A 极，红表笔接 K 极，在黑表笔保持和 A 极相接的情况下，同时与 G 极接触，这样就给 G 极加上一触发电压，可看到万用表上的阻值明显变小，这说明晶闸管因触发而导通。在保持黑表笔和 A 极相接的情况下，断开与 G 极的接触，若晶闸管仍导通，则说明晶闸管是好的；若不导通，一般则是坏的	根据以上测量方法可以判别出阳极、阴极与门极，即一旦测出两管脚间呈低阻状态，此时黑表笔所接为 G 极，红表笔所接为 K 极，另一端为 A 极

（2）晶闸管的选型

晶闸管有多种类型，应根据应用电路的具体要求合理选用（见表 6—1—3）。

表 6—1—3　　　　晶闸管的选型

晶闸管类型	应用
普通晶闸管	交直流电压控制、可控整流、交流调压、逆变电源、开关电源保护电路等
双向晶闸管	交流开关、交流调压、交流电动机线性调速、灯具线性调光及固态继电器、固态接触器等电路
门极关断晶闸管	交流电动机变频调速、斩波器、逆变电源及各种电子开关电路等
BTG 晶闸管	锯齿波发生器、长时间延时器、过电压保护器及大功率晶体管触发电路等
逆导晶闸管	电磁灶、电子镇流器、超声波电路、超导磁能储存系统及开关电源等电路
光控晶闸管	光电耦合器、光探测器、光报警器、光计数器、光电逻辑电路及自动生产线的运行监控电路

2．单结晶体管的检测与选型

（1）单结晶体管的检测（见表 6—1—4）

表 6—1—4　　　　单结晶体管的检测

单结晶体管的检测		首先判别发射极：用万用表 $R\times100$ 挡，将红、黑表笔分别接单结晶体管任意两个管脚，测读其电阻；接着对调红、黑表笔，测读电阻。若第一次测得电阻值小，第二次测得电阻值大，则第一次测试时黑表笔所接的管脚为 e 极，红表笔所接管脚为 b 极；另一管脚也是 b 极。e 极对另一个 b 极的测试情况同上。若两次测得的电阻值都一样，约在 2 ~ 10 kΩ，那么这两个脚都为 b 极，另一个管脚为 e 极	单结晶体管从外形上看与晶体三极管相似，只能从特殊的结构上加以区别

续表

单结晶体管的检测	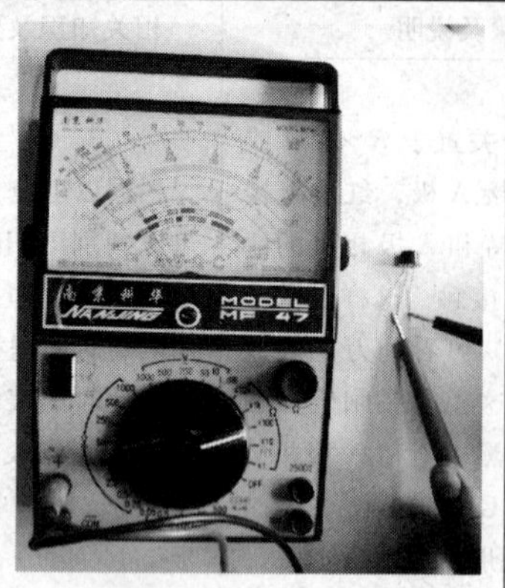	确定 b1 和 b2 极：将用万用表 $R\times100$ 挡，测量 e 对 b1 的正向电阻；e 对 b2 的正向电阻；正向电阻要稍大一些的是 e 对 b1；正向电阻要稍小一些的是 e 对 b2	由于单结晶体管在结构上 e 靠近 b2 极，故 e 对 b1 的正向电阻比 e 对 b2 的正向电阻大一些，可以依此来区分 b1 和 b2 极

（2）单结晶体管的选型

依据元器件的代换原则并参考表 6—1—5 进行选型即可。

表 6—1—5　　单结晶体管的选型

型号	分压比 η	基极间电阻 R_{BB}（kΩ）	调制电流 I_{B4}（mA）	峰点电流 I_p（mA）	谷点电流 I_v（mA）	谷点电压 V_v（V）	耗散功率 P_{B2M}（mW）
BT31A	0. 3 ~ 0. 55	3 ~ 6	5 ~ 30	≤2	≥1. 5	≤3. 5	100
BT31B		5 ~ 12	≤30				
BT31C	0. 45 ~ 0. 75	3 ~ 6					
BT31D		5 ~ 12					
BT31E	0. 65 ~ 0. 9	3 ~ 6					
BT31F		5 ~ 12					
BT32A	0. 3 ~ 0. 55	3 ~ 6	8 ~ 15				250
BT32B		5 ~ 12	≤35				
BT32C	0. 45 ~ 0. 75	3 ~ 6					
BT32D		5 ~ 12					
BT32E	0. 65 ~ 0. 9	3 ~ 6					
BT32F		5 ~ 12					
BT33A	0. 3 ~ 0. 55	3 ~ 6	8 ~ 40				400
BT33B		5 ~ 12	≤40				
BT33C	0. 45 ~ 0. 75	3 ~ 6					
BT33D		5 ~ 12					
BT33E	0. 65 ~ 0. 9	3 ~ 6					
BT33F		5 ~ 12					
BT37A	0. 3 ~ 0. 55	3 ~ 6	3 ~ 40				
BT37B		5 ~ 12					

学习活动2　实施线路维修

学习目标

1. 能根据原理图，分析故障现象，判别故障范围。
2. 能正确使用仪器仪表测试确定故障点。
3. 能独立规范使用工具，排除故障。
4. 能采取正确的安全措施。

知识准备

一、电子线路的检修方法

1. 电子电路类型识别

电子电路检修前，必须对检修的电子电路进行性质识别：判断电路是模拟电路还是数字电路；是处理、放大信号的，还是产生信号的振荡电路；是电源电路还是开关电路。不同性质的电路，其检修的方法、测量的手段、分析故障的要点等都不相同。

2. 根据故障现象在线路图上分析故障范围

根据电子线路的功能、信号等方面进行区域划分，结合故障现象，确定检查的区域范围。

3. 确定线路检测方案

确定电子线路的性质后，针对其特点，确定对线路进行检查选用的仪器仪表、步骤、方法、测量点。

4. 用测量法确定故障点

运用检查工具，对各个测量点进行测量判断。根据仪表、仪器显示的结果，遵循测量步骤，进行测量分析，直至检测到故障点。

5. 检修故障点，并通电试机

如果对电子电路进行元器件更换后，必须进行调试，使其符合原来电路的要求。

6. 整理现场，操作结束

断开电子电路的电源开关，将桌面杂物清理干净。最后将电烙铁断开电源，工具、仪表和材料摆放整齐。

7. 做好维修记录

记录的内容可包括：电子设备的型号、名称、编号，故障发生日期、故障现象、部位、损坏的电器、故障原因、修复措施及修复后的运行情况等。记录的目的：作为档案以备日后维修时参考，并通过对历次故障的分析，采取相应的有效措施，防止类似事故的再次发生或对电气设备本身的设计提出改进意见等。

二、检测故障常用的测量方法

1. 直流电压检查法

通过对整个电子线路某些关键点在有无信号时的直流电压的测量，并与正常值相比较，经过分析便可确定故障范围，然后，再测量此故障电路中有关点的直流电压，就能较快地找出故障所在点。

2. 交流电压检查法

交流电压检查主要是用来测量交流电路是否正常。对于音频输出电路或场输出电路，有时也可以用万用表 dB 挡或交流电压挡串一只高压电容，来检查有无脉冲或音频信号，由于所测量的是脉冲或音频电压，万用表的读数只作为判断电路是否正常的参考，不能代表实际电压值。

3. 电阻检查法

电阻检查通常在关机状态下进行，主要检查内容如下：

（1）用来测量交流和稳压直流电源的各输出端对地电阻，以检查电源的负载有无短路或漏电。

（2）用来测量中、大功率管的集电极对地电阻，以防止这些晶体管集电极对地短路或漏电。

（3）测量集成电路各脚对地电阻，以判断集成电路是否损坏或漏电。

（4）直接测量其他元器件，以判断这些元件是否损坏。由于 PN 结的作用，最好进行正、反向电阻的测量；另外，由于万用表的内阻、电池电压等方面的差异，测试结果可能不一致，应多加注意。

4. 电流检查法

直流电流检查，常用来检查电源的输出电流、各单元电路的工作电流，尤其是输出级的工作电流，这种方法更能定量反映电路的静态工作是否正常。用万用表测量电路电流时，电流挡的内阻应足够小，以免影响电路正常工作。

5. 示波器测量法

示波器是通用性很强的信号特性测试仪，既能显示波形，又能测量电信号的幅度、周期、频率、时间间隔、相位等，还能测量脉冲信号的波形参数。多踪示波器还能进行信号比较，是检测电子线路的重要仪器。

小贴士

一款实用的调光台灯资料

调光台灯如图 6—2—1 所示。

故障分析：

EL 不发光的故障现象，可以确定晶闸管 VT 没有导通，造成这种故障现象的原因有三个：一是晶闸管VT电路部分有故障；二是单结晶体管V组成的触发电路有故障；三是电源部分。因此，结合该电路的工作原理，将整个电路划分为三个检查区域：交、直流电源部分，触发电路部分和晶闸管VT电路部分。

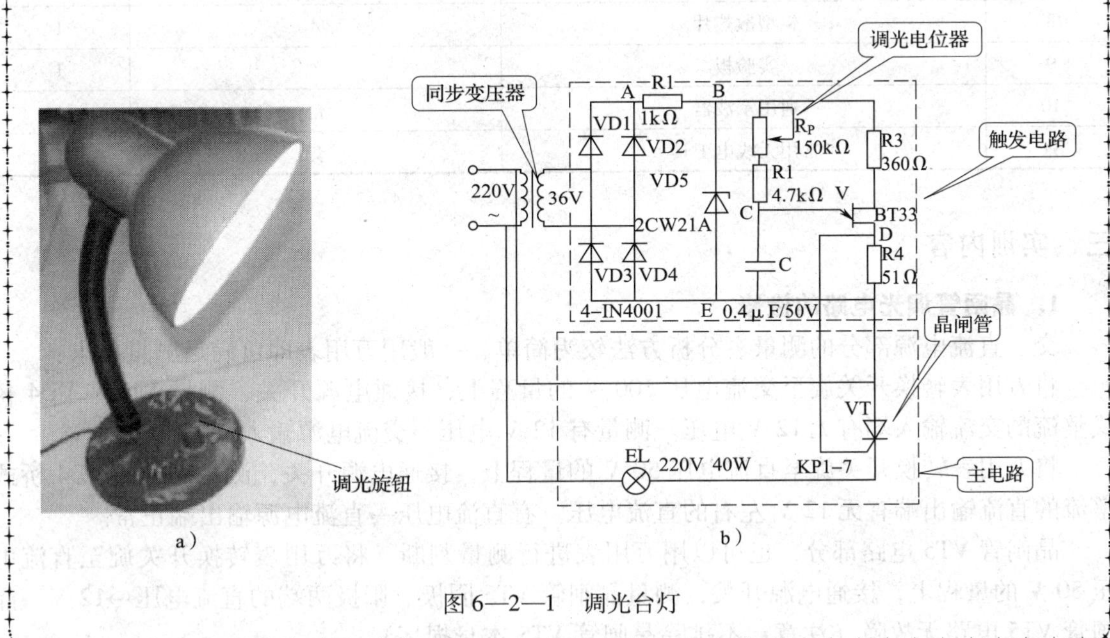

图6—2—1　调光台灯

任务实施

一、实训目的

1. 能根据原理图，分析故障现象，判别故障范围。
2. 能正确检修调光台灯。

二、主要实训器材的认识

工具及材料清单见表6—2—1。

表6—2—1　　工具及材料清单

序号	代号与名称	规格	数量
1	电源变压器T	带中心抽头220 V/12 V	1
2	整流二极管VD1 ~ VD4	IN4004	4
3	电容器	0. 2 μF/25V	1
4	电阻器 R_{L1}、R_{L2}	100 Ω/2 W	2

续表

序号	代号与名称		规格	数量
5	集成稳压器	CW7812	/	1
6		CW7912	/	1
7	开关 S1、S2		单刀单掷	2
8	铝型散热片		/	1
9	实验板		/	1
10	通用示波器		台	1
11	常用无线电工具		套	1

三、实训内容

1. 晶闸管调光电路的检修

交、直流电源部分的测量、分析方法较为简单，一般用万用表即可满足测量要求：

将万用表转换开关旋至交流电压 500 V 的量程上，接通电源开关，测量 VD1 ~ VD4 桥式整流的交流输入端有无 12 V 电压。测量有 12 V 电压→交流电源输入端正常。

将万用表转换开关旋至直流电压 50 V 的量程上，接通电源开关，测量 VD1 ~ VD4 桥式整流的直流输出端有无 12 V 左右的直流电压。有直流电压→直流电源输出端正常。

晶闸管 VT5 电路部分，也可以用万用表进行测量判断：将万用表转换开关旋至直流电压 50 V 的量程上，接通电源开关，测量晶闸管 VT5 阴极、阳极两端的直流电压→12 V→晶闸管 VT5 电路无故障（注意：不排除晶闸管 VT5 本身损坏）。

小贴士

一、调光台灯常见故障检修实例

故障：一台 60 W 调光台灯，灯光最亮且不能调节。

分析检修：根据调光台灯工作原理分析，灯光最亮且不能调节的故障是由于晶闸管阳极和阴极击穿造成的。该调光台灯的电路与图 6—2—1 类似，断电后实测晶闸管阳极和阴极间的直流电阻只有 20 Ω 左右。用一只 400 V　3 A 的单向晶闸管代换原晶闸管，故障排除。

调光台灯电路中的晶闸管，多采用 400 V　1 A 的塑封晶闸管，故障率很高，在检修时用 3 A 晶闸管代换效果较好。

二、注意事项

在确定故障点以后，无论修复还是更换，对电气维修人员来讲，排除故障比查找故障要简单得多。在排除故障的过程中，应先动脑，后动手，正确分析可起到事半功倍的效果。需注意的是，在找出有故障的元件后，应该进一步确定故障的根本原因。例如：当电路中的一只元件烧坏，单纯地更换一个是不够的，重要的是要查出被烧坏的原因，并采取补救和预防的措施。在排除故障过程中还要注意线路，做好标记，以防错接。

2．晶闸管调光电路的调试

（1）晶闸管调光台灯调试要求与方法

故障排除后，整理线路，将检修过程涉及的各接线点重新检查一遍；各导线、元器件整理规范。最后将电工工具、仪表和材料整齐摆放在桌面，检查电路装接无误后，经教师允许，即可进行通电测试。

（2）晶闸管调光台灯各关键点参数的测量

测量关键点的直流电压值是很关键的一步，将测试结果填入表 6—2—2 中。

表 6—2—2　　测试结果记录

状态	元器件各级电压						断开交流电源，电位器 R_P 的电阻值
	VT			V			
	V_A	V_K	V_G	V_{b1}	V_{b2}	V_e	
灯泡微亮时							
灯泡最亮时							
调试中出现的故障及排除方法							

3．专业技能评价（见表 6—2—3）

表 6—2—3　　专业技能评级表

项目内容	评分标准		得分
故障分析（30 分）	1．标不出最小故障范围或标错，每个故障点扣 15 分 2．故障分析思路不清楚，每个故障点扣 5～10 分		
排除故障（70 分）	1．不能排除故障点，每个故障点扣 35 分 2．扩大故障范围或产生新的故障后，不能自行修复，每个故障点扣 35 分 3．损坏电动机或工具，扣 70 分 4．损坏二极管，每个扣 35 分 5．排除故障方法不正确，每个故障扣 10 分		
文明生产	违反安全生产的规定扣 10～70 分		
工时	1 h	每超过 5 min 扣 10 分	
合计			

四、综合评价（见表6—2—4）

评价考核分四个等级：A（100～90）、B（89～75）、C（74～60）、D（59～0）。

表6—2—4 综合评价表

项目名称	评价内容		配分	评价分数		
				自评	互评	师评
职业素养考核项目（40%）	劳动保护用品穿戴整洁		6分			
	安全意识、责任意识、服从意识		6分			
	积极参加教学活动，按时完成学生工作页		10分			
	团队合作、与人交流能力		6分			
	劳动纪律		6分			
	生产现场管理6S标准		6分			
专业能力考核项目（60%）	专业知识查找及时、准确		12分			
	操作符合规范		18分			
	操作熟练，工作效率高		12分			
	成品的验收质量高		18分			
总　分						
总 评	自评（20%）+互评（20%）+教师评（60%）	综合等级		教师（签名）：		

任务七 晶闸管调速器的安装与调试

学习目标

1. 能根据“晶闸管电子调速器的安装与调试”的工作任务，明确工作内容、工艺要求、安排完成工作任务的进度。

2. 能正确识别、检测、筛选元器件。

3. 能根据电路原理图，区分电路结构，正确分析主电路及控制电路的原理。

4. 能根据任务要求和安装工艺，制作印制板，正确使用连接件并进行印制板的焊接、电子元器件的安装及自检。

5. 能正确地进行调速电路调试。

建议课时

50 课时

任务描述

学校机加工车间焊接设备中的调速器损坏，且不可修复。校领导决定，由电工组按照图样制作新的调速器（可调直流电源），并完成该调速器（电源）的安装与调试。

电路要求：电压范围 100 ~ 220 V 可调，容量不小于 80 W。

工作流程与活动

学习活动 1　电子元器件识别与检测

学习活动 2　线路的安装与调试

学习活动 1　电子元器件识别与检测

学习目标

1. 能识别三极管等基本电子元器件，识读原理图。

2. 能正确检测三极管。

知识准备

一、电子元件的认识

1. 三极管结构和图形符号

晶体管外部有三个电极，内部有三层半导体，形成两个 PN 结。对应的三层半导体分别为发射区、基区和集电区，从三个区引出的三个电极分别为：发射极、基极和集电极，分别用符号 E、B、C 或 e、b、c 表示。发射区与基区之间的 PN 结称为发射结，集电区与基区之间的 PN 结称为集电结。按照两个 PN 结的组合方式不同，晶体管分为 NPN 型和 PNP 型两大类，其结构和图形符号如图 7—1—1 所示。晶体管的文字符号用 V 表示。图 7—1—1 中，箭头方向表示发射结正向偏置时发射极电流的方向，箭头朝外的是 NPN 型管，箭头朝里的是 PNP 型管。

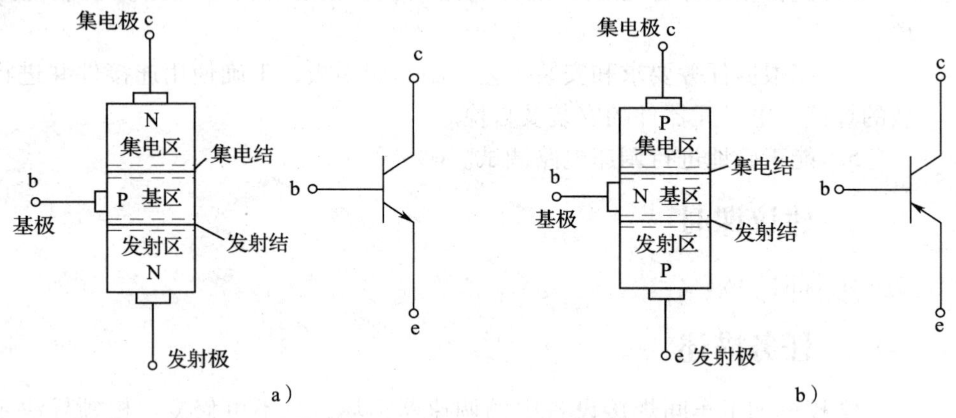

图 7—1—1 晶体管的结构和图形符号

a）NPN 型 b）PNP 型

如图 7—1—2 所示为常见晶体管的外形。

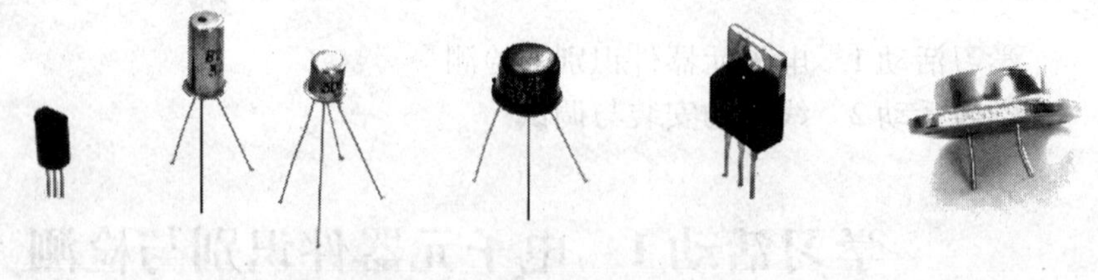

图 7—1—2 常见晶体管的外形

2. 三极管的类型

晶体管种类很多，按不同的分类方法可分为多种。按内部结构不同，分为 NPN 型和 PNP 型；按所用半导体材料不同，分为硅管和锗管；按工作频率不同，分为高频管和低频管；按功率不同，分为大功率管和小功率管；按用途不同，分为放大管和开关管。

3. 三极管的型号

按国家标准规定，晶体管的型号命名同二极管一样由五部分构成。晶体管型号各组成部分的含义见表 7—1—1。

表 7—1—1　晶体管型号各组成部分的含义

第一部分（数字）		第二部分（拼音）		第三部分（拼音）		第四部分（数字）	第五部分（拼音）
电极数		材料和极性		类型		序号	规格号
符号	意义	符号	意义	符号	意义		
3	晶体管	A	PNP 型锗材料	X	低频小功率管		
		B	NPN 型锗材料	G	高频小功率管		
		C	PNP 型硅材料	D	低频大功率管		
		D	NPN 型硅材料	A	高频大功率管		
				K	开关管		

例如，3DG130C 表示 NPN 型硅高频小功率晶体管，规格号为 C；3AX52B 表示 PNP 型锗低频小功率晶体管，规格号为 B。

4. 三极管的电流放大作用

（1）晶体管的工作电压

晶体管要实现电流放大作用，必须满足一定的外部条件，即发射结加正向电压，集电结加反向电压。由于 NPN 型和 PNP 型晶体管极性不同，所以外加电压的极性也不同，如图 7—1—3 所示。

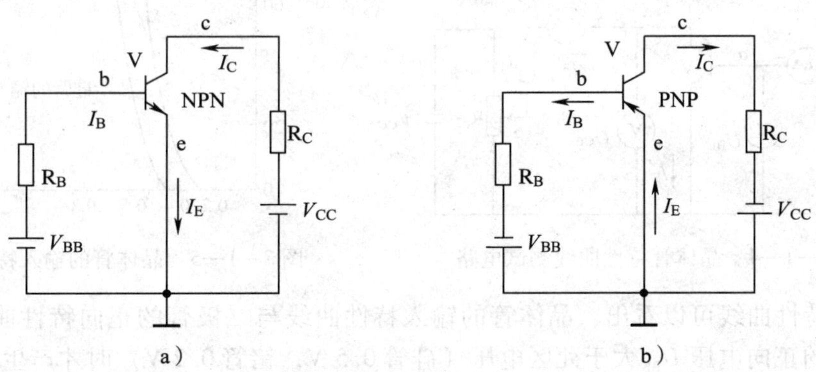

图 7—1—3　晶体管的工作电压

a）NPN 型　b）PNP 型

对于 NPN 型晶体管，c、b、e 三个电极的电位必须符合：$U_c > U_b > U_e$；对于 PNP 型晶体管，电源的极性与 NPN 型相反，c、b、e 三个电极的电位应符合：$U_c < U_b < U_e$。

（2）晶体管的电流放大作用

$$I_C = \bar{\beta} I_B$$

集电极电流比基极电流大 $\bar{\beta}$ 倍，$\bar{\beta}$ 一般大于几十。只要用很小的基极电流，就可以引起较大的集电极电流。

$$\Delta I_C = \beta \Delta I_B$$

晶体管集电极电流的变化量 ΔI_C 比基极电流变化量 ΔI_B 大 β 倍，β 一般大于几十。只要基极电流较小的变化，就可以引起集电极电流较大的变化。

一般情况下，同一只晶体管的 $\bar{\beta}$ 比 β 略小，实际应用时并不严格区分。

（3）三极管三个电极的电流分配关系

晶体管三个电极的电流关系为

$$I_E = I_B + I_C$$

其中，I_E最大，I_C其次，I_B最小，所以集电极电流与发射极电流近似相等，即

$$I_C \approx I_E$$

5．三极管的工作特性

晶体管的工作特性可用特性曲线来反映，特性曲线有输入特性曲线和输出特性曲线两种，该曲线可以用晶体管特性图示仪 JT－1 直接观察，也可以通过试验电路来测试，试验电路如图 7—1—4 所示。

（1）输入特性

输入特性是指在 U_{CE}一定的条件下，加在晶体管基极与发射极之间（发射结两端）的电压 U_{BE}和基极电流 I_B之间的关系曲线，如图 7—1—5 所示。

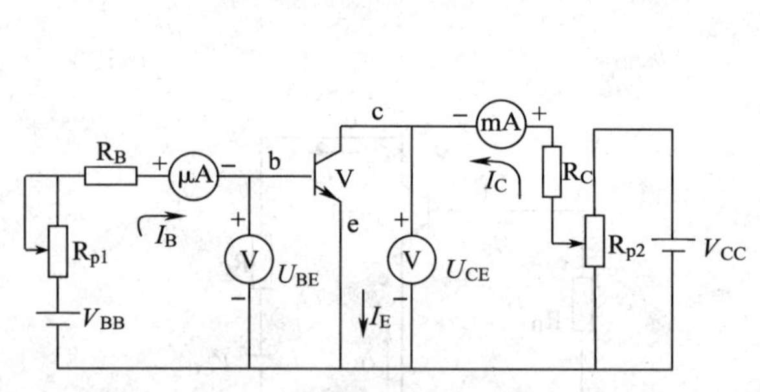

图 7—1—4　晶体管特性曲线测试电路

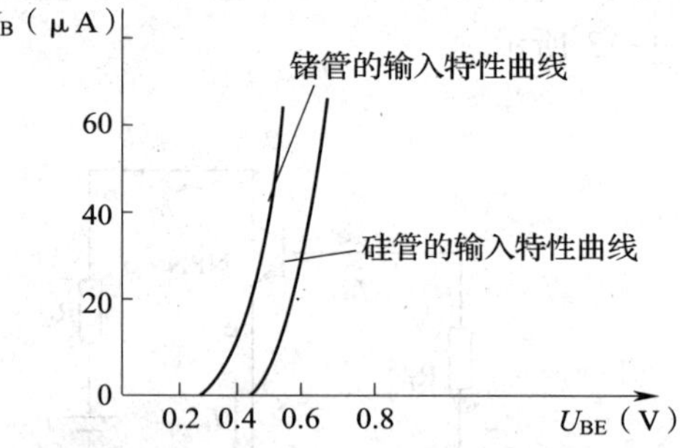

图 7—1—5　晶体管的输入特性曲线

由输入特性曲线可以看出，晶体管的输入特性曲线与二极管的正向特性曲线相似，只有当发射结的正向电压 U_{BE}大于死区电压（硅管 0.5 V，锗管 0.2 V）时才产生基极电流 I_B，这时晶体管处于放大状态。发射结两端电压 U_{BE}，硅管为 0.7 V，锗管为 0.3 V。

（2）输出特性

输出特性是指在 I_B一定的条件下，晶体管集电极与发射极之间的电压 U_{CE}与集电极电流 I_C之间的关系曲线，如图 7—1—6 所示。

每条曲线可分为线性上升、弯曲、平坦三部分。对应不同 I_B值可获得不同的曲线，从而形成曲线簇。各条曲线上升部分很陡，几乎重合，平坦部分则按 I_B值从下往上排列，I_B的取值间隔均匀，相应的特性曲线在平坦部分也均匀，且与横轴平行。

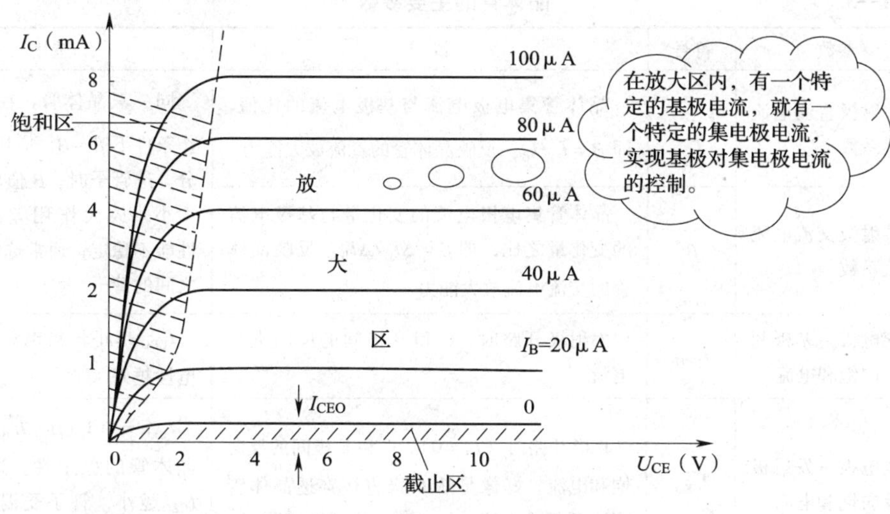

图 7—1—6 晶体管的输出特性曲线

晶体管的输出特性曲线分为三个区域，不同的区域对应着晶体管的三种不同工作状态，见表 7—1—2。

表 7—1—2　　晶体管输出特性曲线的三个工作区域

名称	截止区	放大区	饱和区
范围	$I_B=0$ 曲线以下区域，几乎与横轴重合	平坦部分线性区，几乎与横轴平行	曲线上升和弯曲部分
条件	发射结反偏（或零偏），集电结反偏	发射结正偏，集电结反偏	发射结正偏，集电结正偏（或零偏）
特征	$I_B=0$，$I_C=I_{CEO}\approx 0$	（1）当 I_B 一定时，I_C 的大小与 U_{CE} 基本无关，具有恒流特性 （2）I_B 不同，曲线也不同，I_C 受 I_B 控制，具有电流放大作用，$\Delta I_C=\beta\Delta I_B$	U_{CE} 很小，各电极电流都很大，I_C 不受 I_B 控制
工作状态	截止状态 C 和 E 极间相当于开关断开	放大状态	饱和状态 C 和 E 极间相当于开关接通

综上所述，对于 NPN 型晶体管：工作于放大区时，$U_c > U_b > U_e$；工作于截止区时，$U_b \leqslant U_e$；工作于饱和区时，$U_c \leqslant U_b$。PNP 型晶体管与之相反。

6. 三极管的主要参数

晶体管的特性除了用特性曲线来描述外，还可以用有关参数来表示。这些参数反映了晶体管的性能和安全运用范围，是正确使用和合理选择管子的依据。晶体管的参数较多，这里只介绍几个主要的参数，见表 7—1—3。

表 7—1—3　　晶体管的主要参数

类型	参数	符号	说明	选用
电流放大系数	共射极直流电流放大系数	$\overline{\beta}$	晶体管集电极电流与基极电流的比值，即 $\overline{\beta}=I_C/I_B$。反映晶体管的直流放大能力	同一只晶体管，在相同的工作条件下 $\overline{\beta}\approx\beta$，应用中不再区分。选管子时，$\beta$ 值应恰当，β 太小，放大作用差；β 太大，性能不稳定，通常选用 30 ~ 100 之间的管子
	共射极交流电流放大系数	β	晶体管集电极电流的变化量与基极电流的变化量之比，即 $\beta=\Delta I_C/\Delta I_B$。反映晶体管的交流电流放大能力	
极间反向电流	集电极 - 基极间的反向饱和电流	I_{CBO}	发射极开路时，C 和 B 极间的反向饱和电流	I_{CBO} 越小，集电结的单向导电性越好
	集电极 - 发射极间反向饱和电流	I_{CEO}	B 极开路时（$I_B=0$），C 和 E 极间的反向饱和电流。好像是从 C 极直接穿透晶体管到达 E 极的电流，故又叫“穿透电流”	I_{CEO} = （$1+\beta$）I_{CBO}，反映了晶体管的稳定性。选管子时，I_{CEO} 越小，管子受温度影响越小，工作越稳定
极限参数	集电极最大允许电流	I_{CM}	集电极电流过大时，晶体管的 β 值要降低，一般规定 β 值下降到正常值的 2/3 时的集电极电流为集电极最大允许电流	使用时一般 $I_C<I_{CM}$，否则管子易烧毁。选管时，$I_{CM}\geqslant I_C$
	集电极 - 发射极间的反向击穿电压	$U_{(BR)CEO}$	基极开路时，加在 C 与 E 极间的最大允许电压	使用时，一般 $U_{CE}<U_{(BR)CEO}$，否则易造成管子击穿。选管时，$U_{(BR)CEO}\geqslant U_{CE}$
	集电极最大允许耗散功率	P_{CM}	集电极消耗功率的最大限额 P_{CM} 的大小与环境温度有密切关系，温度升高，P_{CM} 减小。对于大功率管，常在管子上加散热器或散热片，降低管子的环境温度，从而提高 P_{CM}	工作时，$I_C U_{CE}<P_{CM}$，否则管子会因过热而损坏。选管时，$P_{CM}\geqslant I_C U_{CE}$

例如，低频小功率晶体管 3CX200B，其 β 在 55 ~ 400 之间，$I_{CM}=300$ mA，$U_{(BR)CEO}=18$ V，$P_{CM}=300$ mW。

知识拓展

一、放大电路

1. 放大器的基本结构

放大电路又称为放大器，是电子设备中最常用的一种基本单元电路。能够把信号源送来的微弱电信号（指变化的电压或电流信号）不失真地放大为所需值的装置叫放大器，如图 7—1—7 所示为放大器的基本结构图。放大器由基本放大电路、信号源及负载三部分组成。输入端接预放大的信号源，输出端接负载。

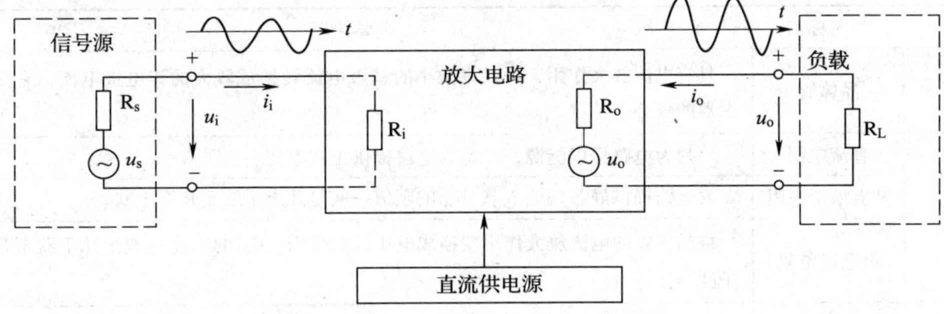

图 7—1—7　放大器的基本结构

2. 放大器的分类

放大电路的种类繁多，可按照不同的方式分类。

(1) 按信号的大小分

有小信号放大器和大信号放大器。

(2) 按所放大的信号频率分

有直流放大器、低频放大器和高频放大器。

(3) 按晶体管的连接方式分

有共发射极放大器、共集电极放大器和共基极放大器。

(4) 按元件集约程度来分

有分立元件放大器和集成放大器等。

3. 共发射极基本放大电路

(1) 共发射极基本放大电路的组成及各元件的作用

如图 7—1—8 所示为应用最广的共发射极基本放大电路。信号从 1 - 1′端输入，从 2 - 2′端输出，1′端和 2′端是输入和输出的公共端，共发射极放大电路因发射极是输入回路和输出回路的公共端而得名。

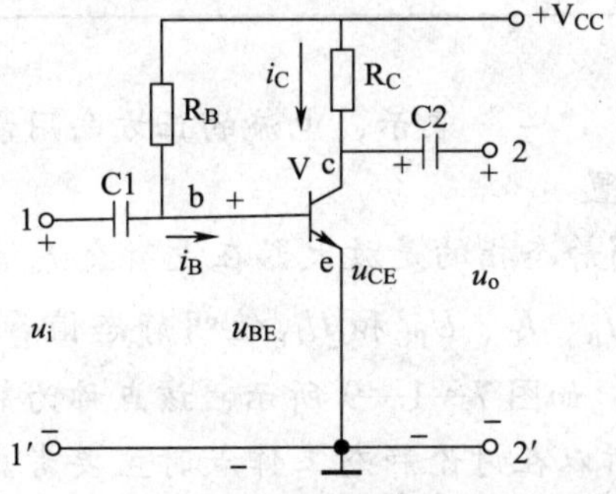

图 7—1—8　共发射极基本放大电路

放大电路各元件的作用见表7—1—4。

表7—1—4　　放大电路各元件的作用

元件	名称	主要作用
V	晶体管	具有电流放大作用，可以将微小的基极电流转换成较大的集电极电流，它是放大器的核心
V_{CC}	直流电源	一是为电路提供能源；二是为电路提供工作电压
R_B	基极偏值电阻	为电路提供静态偏流 I_{BQ}，R_B 的阻值一般是几十千欧至几百千欧
R_C	集电极电阻	将晶体管的电流放大作用变换成电压放大作用。R_C 的取值一般是几千欧至几十千欧
C1 、C2	耦合电容	（1）隔直流，使晶体管中的直流电流不影响输入端之前的信号源，也不影响输出端之后的负载 （2）通交流，当C1、C2的电容量足够大时，它们对交流信号呈现的容抗很小，可近似看作短路，这样可使交流信号顺利地通过，C1、C2选用容量一般为几微法至几十微法的电解电容

（2）放大电路中电压、电流符号及正方向的规定

在没有信号输入时，放大电路中晶体管各电极的电压、电流均为直流。当有信号输入时，电路中两个电源（直流电源和信号源）共同作用，电路中的电压和电流是两个电源单独作用时产生的电压、电流的叠加量（即直流分量与交流分量的叠加）。为了清楚地表示不同的物理量，将电路中出现的有关电量的符号列举出来，见表7—1—5。

表7—1—5　　电压、电流符号的规定

物理量	表示符号
直流量	用大写字母带大写下标（俗称“大大”）如：I_B、I_C、I_E、U_{BE}、U_{CE}
交流量	用小写字母带小写下标（俗称“小小”）如：i_b、i_C、i_c、u_{de}、u_{ce}、u_i、u_o
交直流叠加量	用小写字母带大写下标（俗称“小大”）如：i_B、i_C、i_E、u_{BE}、u_{CE}
交流分量的有效值	用大写字母带小写下标（俗称“大小”）如：I_b、I_c、I_e、U_{be}、U_{ce}

电压的正方向用“+”“－”表示，电流的正方向用箭头表示。

（3）静态工作点的设置

1）静态工作点。所谓静态指的是放大器在没有交流信号输入（即 $u_i=0$）时的工作状态。这时晶体管的 I_B、I_C、U_{BE} 和 U_{CE} 值叫静态值。静态值分别在输入、输出特性曲线上对应着一点Q，如图7—1—9所示，该点称为静态工作点，或简称Q点。由于 U_{BE} 基本是恒定的，所以在讨论静态工作点时主要考虑 I_B、I_C 和 U_{CE} 三个量，并分别用 I_{BQ}、I_{CQ} 和 U_{CEQ} 表示。

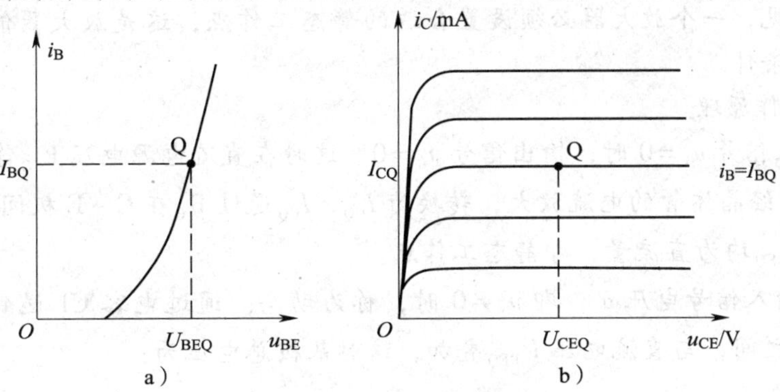

图 7—1—9　静态工作点

a）输入特性曲线上的 Q 点　b）输出特性曲线上的 Q 点

2）静态工作点的作用。若把基极电阻 R_B 断开，晶体管发射结无偏置电压，即 $U_{BEQ}=0$，这时，偏置电流 $I_{BQ}=0$，$I_{CQ}=0$，静态工作点在坐标原点。当 u_i 为正半周时，晶体管发射结正向偏置，但由于晶体管的输入特性曲线存在死区，所以只有当输入信号电压超过死区电压时，晶体管才能导通，产生基极电流 i_B；当输入信号电压 u_i 为负半周时，发射结反向偏置，晶体管截止，$i_B=0$，如图 7—1—10 所示。这时 i_B 波形与输入电压波形 u_i 不同，发生了失真。

接上基极电阻 R_B，若设置了合适的静态工作点，当输入信号电压 u_i 后，u_i 与静态时 U_{BEQ} 相叠加为发射结两端的电压，若该电压始终大于晶体管的死区电压，那么在输入电压的整个周期内晶体管始终处于导通状态，即随输入电压 u_i 的变化均有基极电流，这样，使放大器能不失真地把输入信号得到放大，如图 7—1—11 所示。

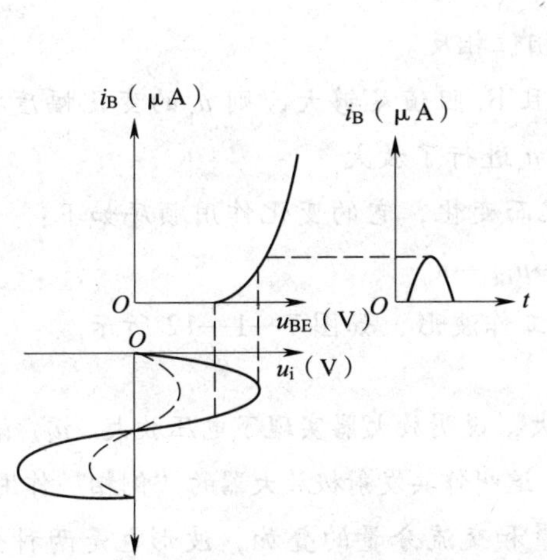

图 7—1—10　无偏置电阻时，u_{BE} 和 i_{BE} 的工作波形

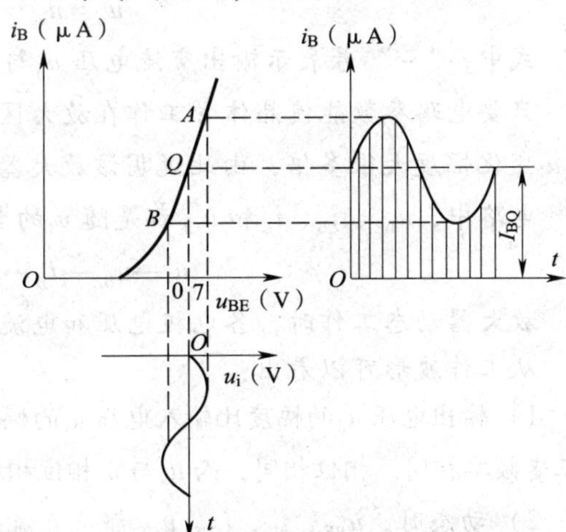

图 7—1—11　静态工作点合适时，u_{BE} 和 i_{BE} 的工作波形

由此可见，一个放大器必须设置合适的静态工作点，这是放大器能不失真放大交流信号的条件。

（4）工作原理

1）输入信号 $u_i=0$ 时，输出信号 $u_o=0$。这时在直流电源电压 V_{CC} 作用下通过 R_B 产生了 I_{BQ}，经晶体管的电流放大，转换为 I_{CQ}，I_{CQ} 通过 R_C 在 C－E 极间产生了 U_{CEQ}。I_{BQ}、I_{CQ}、U_{CEQ} 均为直流量，即静态工作点。

2）若输入信号电压 u_i，即 $u_i \neq 0$ 时，称为动态。通过电容 C1 送到晶体管的基极和发射极之间，与直流电压 U_{BEQ} 叠加，这时基极总电压为：

$$u_{BE}=U_{BEQ}+u_i$$

这里所加的 u_i 为低频小信号，工作点在输入特性曲线线性区域移动，电压和电流近似为线性关系。在 u_i 的作用下产生基极电流 i_b，这时基极总电流为：

$$i_B=I_{BQ}+i_b$$

i_B 经晶体管的电流放大，这时集电极总电流为：

$$i_C=I_{CQ}+i_c$$

i_C 在集电极电阻 R_C 上产生电压降 i_CR_C（为了便于分析，假设放大电路为空载），使集电极电压 $u_{CE}=V_{CC}-i_CR_C$。

经变换：
$$u_{CE}=U_{CEQ}+\left(-i_cR_C\right)$$

即
$$u_{CE}=U_{CEQ}+u_{ce}$$

由于电容 C 的隔直作用，在放大器的输出端只有交流分量 u_{ce} 输出，输出的交流电压为：

$$u_o=u_{ce}=-i_cR_C$$

式中，“－”号表示输出交流电压 u_o 与 i_c 相位相反。

只要电路参数能使晶体管工作在放大区，且 R_C 阻值足够大，则 u_o 的变化幅度将比 u_i 变化幅度大很多倍，由此说明该放大器对 u_i 进行了放大。

电路中，u_{BE}、i_B、i_C 和 u_{CE} 都是随 u_i 的变化而变化，它的变化作用顺序如下：

$$u_i \rightarrow u_{BE} \rightarrow i_B \rightarrow i_C \rightarrow u_{CE} \rightarrow u_o$$

放大器动态工作时，各电极电压和电流的工作波形，如图 7—1—12 所示。

从工作波形可以看出：

1）输出电压 u_o 的幅度比输入电压 u_i 的幅度大，说明放大器实现了电压放大。u_i、i_b、i_c 三者频率相同，相位相同，而 u_o 与 u_i 相位相反，这叫作共发射极放大器的“倒相”作用。

2）动态时，u_{BE}、i_B、i_C、u_{CE} 都是直流分量和交流分量的叠加，波形也是两种分量的合成。

3）虽然动态时各部分电压和电流大小随时间变化，但方向却始终保持和静态时一致，所以静态工作点 I_{BQ}、I_{CQ}、U_{CEQ} 是交流放大的基础。

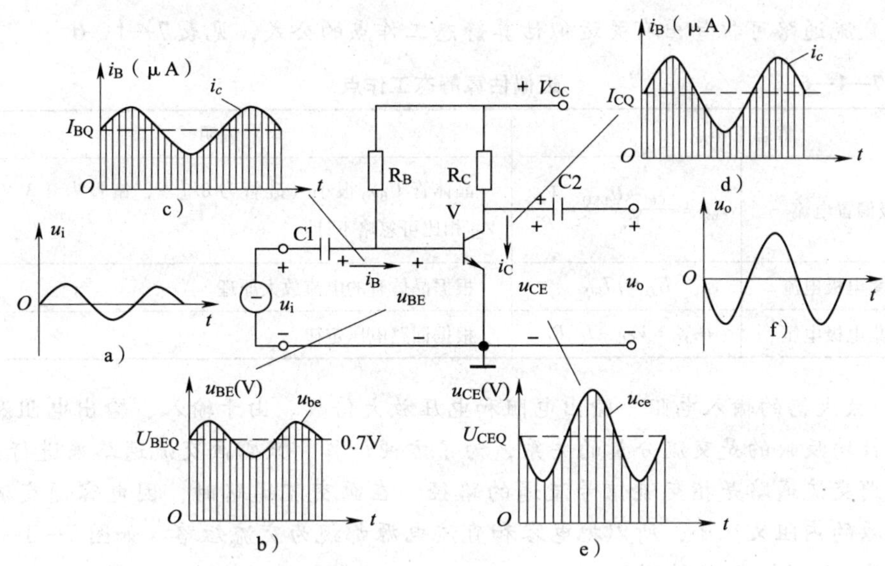

图 7—1—12　共发射极基本放大电路各极电压、电流工作波形

（5）共发射极基本放大电路的近似估算法

已知电路各元器件的参数，利用公式通过近似计算来分析放大器性能的方法称为近似估算法。

当放大器输入交流信号后，放大器中同时存在着直流分量和交流分量两种成分。由于放大器中通常都存在电抗性元件，所以直流分量和交流分量的通路是不一样的。在进行电路分析和计算时注意把两种不同分量作用下的通路区别开来，这样将使电路的分析更方便。

1）静态工作点。由于静态只研究直流，为分析方便起见，可根据直流通路进行分析。

所谓直流通路是指直流信号流通的路径。因电容具有隔直作用，所以在画直流通路时，把电容看作断路，图 7—1—13b 为图 7—1—13a 的直流通路。

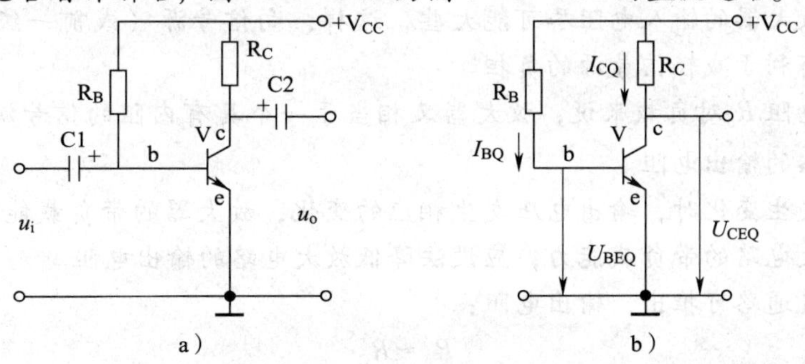

图 7—1—13　放大电路的直流通路

a）共发射极基本放大电路　b）直流通路

由直流通路可推导出有关近似估算静态工作点的公式，见表 7—1—6。

表 7—1—6　　近似估算静态工作点

静态工作点		说明
基极偏置电流	$I_{BQ}=\frac{V_{CC}-U_{BEQ}}{R_B}\approx\frac{V_{CC}}{R_B}$	晶体管 U_{BEQ} 很小（硅管为 0.7 V，锗管为 0.3 V），与 V_{CC} 相比可忽略不计。
静态集电极电流	$I_{CQ}\approx\beta I_{BQ}$	根据晶体管的电流放大原理
静态集电极电压	$U_{CEQ}=V_{CC}-I_{CQ}R_C$	根据回路电压定律

2）放大器的输入电阻、输出电阻和电压放大倍数。由于输入、输出电阻及电压放大倍数均反映的是交流分量的关系，为了方便计算，只需画交流通路来进行分析。

所谓交流通路是指交流信号流通的路径。在画交流通路时，因电容通交流，而直流电源的内阻又很小，所以把电容和直流电源都视为交流短路。如图 7—1—14 所示为图 7—1—13a 的交流通路。

①输入电阻 R_i　放大器的输入电阻是指从放大器的输入端看进去的交流等效电阻。

晶体管的基极与发射极间可等效为 r_{be}，r_{be} 的阻值可按下面经验公式进行估算。

$$r_{be}=300+(1+\beta)\frac{26}{I_{EQ}}$$

其中，I_{EQ} 为静态时的发射极电流，单位为 mA。一般情况下，r_{be} 为 1 kΩ 左右。

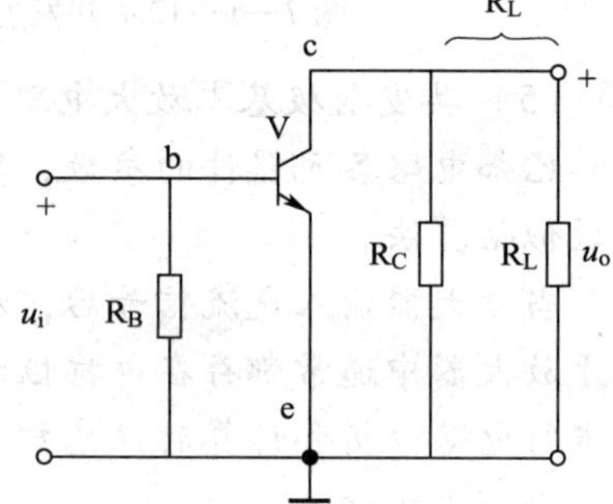

图 7—1—14　放大电路的交流通路

放大器的输入电阻的值为：

$$R_i\approx r_{be}$$

对信号源来说，放大器是其负载，输入电阻 R_i 表示信号源的负载电阻。一般情况下，希望放大器的输入电阻尽可能大些，这样，向信号源（或前一级电路）汲取的电流小，有利于减轻信号源的负担。

②输出电阻 R_o 对负载来说，放大器又相当于一个具有内阻的信号源，这个内阻就是放大电路的输出电阻。

当负载发生变化时，输出电压发生相应的变化，放大器的带负载能力差。因此，为了提高放大电路的带负载能力，应设法降低放大电路的输出电阻。

通过交流通路可推出，输出电阻：

$$R_o\approx R_C$$

③电压放大倍数 A_u　所谓电压放大倍数是指输出电压 u_o 与输入信号电压 u_i 之比。即：

$$A_u = \frac{u_o}{u_i}$$

通过交流通路，可推出空载时的电压放大倍数为：

$$A_u = -\frac{\beta R_c}{r_{be}}$$

有载时的电压放大倍数为：

$$A_u = -\frac{\beta R'_L}{r_{be}}$$

其中　$R'_L = R_C // R_L = \dfrac{R_C R_L}{R_C + R_L}$。

(6) 波形失真与静态工作点的关系

1) 工作点偏高易引起饱和失真。当输出信号波形负半周被部分削平，这种现象叫“饱和失真”。波形失真与静态工作点的关系如图 7—1—15 所示。

产生饱和失真的原因：Q 点偏高。如图 7—1—15 中的 Q′点，输入信号的正半周有一部分进入饱和区，使输出信号的负半周被部分削平。

消除失真的方法：增大 R_B，减小 I_{BQ}，使 Q 点适当下移。

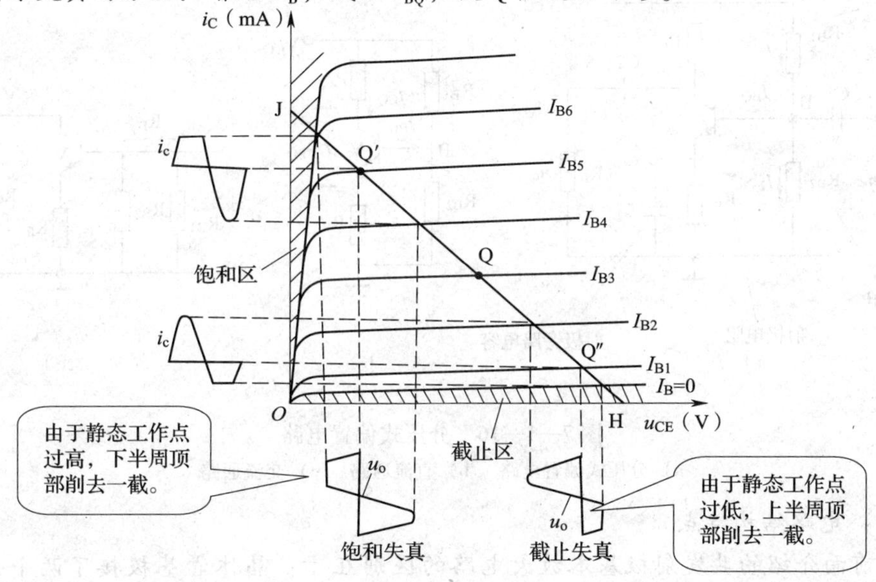

图 7—1—15　波形失真与静态工作点的关系

2) 工作点偏低易引起截止失真。当输出信号的正半周被部分削平，这种现象叫作“截止失真”。

产生截止失真的原因：Q 点偏低。如图 7—1—15 中的 Q″点，输入信号电压负半周有一部分进入截止区，使输出信号正半周被部分削平。

消除截止失真的方法：减小 R_B，增大 I_{BQ}，使 Q 点适当上移。

饱和失真和截止失真分别是因为工作点进入饱和区和截止区（非线性区）而发生的失真。所以饱和失真和截止失真统称为“非线性失真”。

由以上分析可知，静态工作点的位置对放大器的性能和输出波形都有很大影响。如果静态工作点偏高，放大器在加入交流信号以后容易产生饱和失真，此时 u_o 的负半周将被削底；如果工作点偏低，则易产生截止失真，即 u_o 的正半周将被削顶。这两种情况都不符合不失真放大的要求。若需满足较大信号幅度的要求，静态工作点最好尽量靠近交流负载线的中点。

4. 分压式射极偏置电路

共发射极基本放大电路的结构虽简单，但它最大的缺点是静态工作点不稳定，当环境温度变化、电源电压波动，更换晶体管时都会使静态工作点偏离原来的位置，使输出信号发生非线性失真，严重时会使放大器不能正常工作。工作点不稳定的各种因素中，温度是主要因素。

要使温度变化时，保持静态工作点稳定不变，可采用分压式射极偏置电路。

如图 7—1—16a 所示为分压式射极偏置电路。

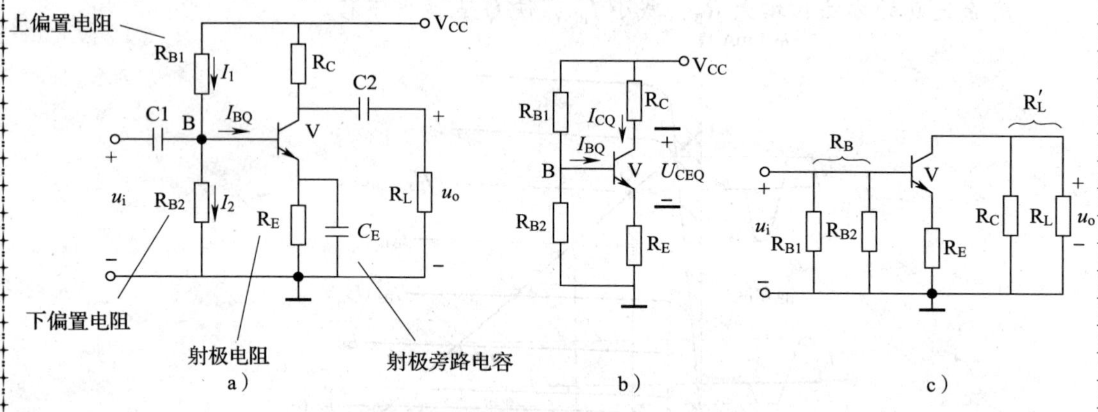

图 7—1—16　分压式偏置电路

a）分压式偏置电路　b）直流通路　c）交流通路

（1）电路结构特点

与前面介绍的共发射极基本放大电路的区别在于：晶体管基极接了两个分压电阻 R_{B1} 和 R_{B2}，发射极串联了电阻 R_E 和电容器 C_E。

1）利用上偏置电阻 R_{B1} 和下偏置电阻 R_{B2} 组成串联分压器，为基极提供稳定的静态工作电压 U_{BQ}。

图 7—1—16b 所示为分压式射极偏置电路的直流通路。若流过 R_{B1} 的电流为 I_1，流过 R_{B2} 的电流为 I_2，则 $I_1 = I_2 + I_{BQ}$。

如果电路满足条件：$I_2 \gg I_{BQ}$，则基极电压为：

$$U_{BQ} \approx \frac{R_{B2}}{R_{B1}+R_{B2}} V_{CC}$$

由此可见，U_{BQ}只取决于V_{CC}、R_{B1}和R_{B2}，它们都不随温度的变化而变化，所以U_{BQ}将稳定不变。

2）利用发射极电阻R_E，自动使静态电流I_{EQ}稳定不变。

由直流通路可看出：

$$U_{BQ} = U_{BEQ} + U_{EQ}$$

式中，U_{EQ}为发射极电阻R_E上的电压。

若满足：

$$U_{BQ} \gg U_{BEQ}$$

则：

$$I_{EQ} \approx \frac{U_{BQ}}{R_E}$$

可见静态电流I_{EQ}也是稳定的。

综上所述，如果电路能满足$I_2 \gg I_{BQ}$和$U_{BQ} \gg U_{BEQ}$两个条件，由静态工作电压U_{BQ}、静态工作电流I_{EQ}（或I_{CQ}）将主要由外电路参数V_{CC}、R_{B1}、R_{B2}和R_E决定，与环境温度、晶体管的参数几乎无关。

（2）估算静态工作点

通过直流通路可求出电路的静态工作点，见表7—1—7。

表7—1—7　　静态工作点的求解公式

静态工作点		说明
静态基极电位	$U_{BQ} \approx \frac{R_{B2}}{R_{B1}+R_{B2}} V_{CC}$	因为$I_2 \gg I_{BQ}$
静态发射极电流	$I_{EQ} \approx \frac{U_{BQ}}{R_E}$	因为$U_{BQ} \gg U_{BEQ}$
静态集电极电流	$I_{CQ} \approx I_{EQ}$	集电极电流I_{CQ}和发射极电流I_{EQ}相关不大
静态偏置电流	$I_{BQ} = \frac{I_{CQ}}{\beta}$	根据晶体管电流放大原理$I_{CQ} = \beta I_{BQ}$
静态集电极电压	$U_{CEQ} = V_{CC} - I_{CQ}（R_C + R_E）$	根据回路电压定律

（3）估算输入电阻、输出电阻和电压放大倍数

图7—1—16c所示为分压式偏置电路的交流通路，交流通路与共发射极基本放大电路的交流通路相似，等效电路也相似，其中$R_B = R_{B1} // R_{B2}$。所以，输入电阻、输出电阻和电压放大倍数的估算公式完全相同。

分压式偏置电路的静态工作点稳定性好，对交流信号基本无削弱作用。如果放大电路满足$I_2 \gg I_{BQ}$和$U_{BQ} \gg U_{BEQ}$两个条件，那么静态工作点将主要由直流电源和电路参数决定，与晶体管的参数几乎无关。在更换晶体管时，不必重新调整静态工作点，

这给维修工作带来了很大方便。所以分压式偏置电路在电气设备中得到非常广泛的应用。

5. 共基极放大电路的性能特点

共基极放大电路如图 7—1—17 所示，由于电路的输入和输出的公共端为基极，故称为共基极放大电路。共基极放大电路的性能特点为：

1）没有电流放大作用。电流放大系数小于1。

2）具有电压放大作用，放大倍数较高。

3）输入电阻小，输出电阻大。

4）输出与输入同相位。

6. 多级放大器

在实际应用中，要把一个微弱的信号放大几千倍或几万倍甚至更大，仅靠单级放大器是不够的，通常需要把若干单级放大器连接起来，将信号进行逐级放大。多级放大电路的组成如图 7—1—18 所示。多级放大电路由输入级、中间级及输出级三部分组成。

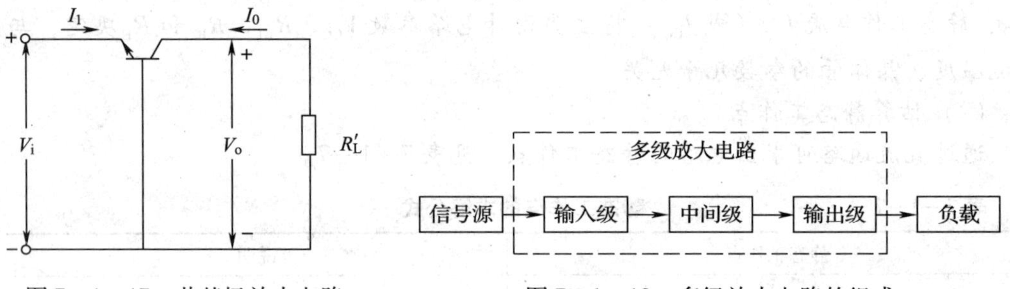

图 7—1—17 共基极放大电路　　图 7—1—18 多级放大电路的组成

各级放大器之间的连接方式，叫作“耦合”。放大器级与级之间的耦合方式主要有阻容耦合、变压器耦合和直接耦合等三种。实际使用中，人们将按照不同电路的需要，选择合适的级间耦合方式。

（1）级间耦合方式

1）阻容耦合。如图 7—1—19 所示为阻容耦合放大电路。用一只容量足够大的耦合电容 C 进行连接，传递交流信号，前、后级放大器之间的直流电路被隔离，静态工作点彼此独立，互不影响，但这种耦合方式低频特性不很好，不能用于直流放大器中，一般应用在低频电压放大电路中。

2）变压器耦合。如图 7—1—20 所示为变压器耦合放大电路。通过变压器进行连接，将前级输出的交流信号通过变压器耦合到后级，通过变压器能够隔离前、后级的直流联系，各级电路的静态工作点彼此独立，互不影响。同时耦合变压器还有阻抗变换作用，有利于提高放大器的输出功率，但由于变压器体积大，低频特性差，又无法集成，因此一般应用于高频调谐放大器或功率放大器中。

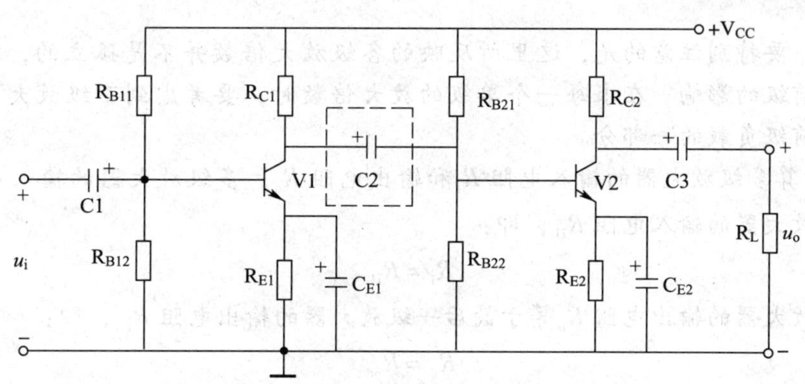

图 7—1—19　阻容耦合放大电路

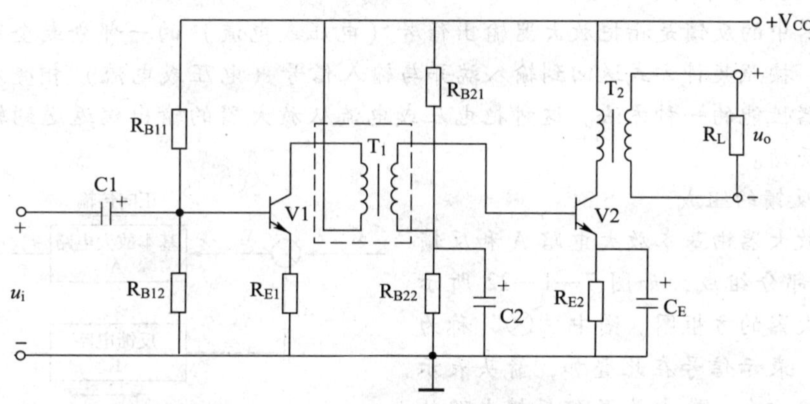

图 7—1—20　变压器耦合放大电路

3）直接耦合。如图 7—1—21 所示为直接耦合放大电路。无耦合元器件，信号通过导线直接传递，可放大缓慢的直流信号，但前、后级的静态工作点互相影响，给电路的设计和调试增加了难度，但直流放大器必须采用这种耦合方式，直接耦合便于电路的集成化，因此广泛应用于集成电路中。

(2) 多级放大器的近似估算

1）估算多级放大器的电压放大倍数 A_u。可以证明，多级放大器的电压放大倍数 A_u 等于各级电压放大倍数之积，对于一个 n 级放大器有：

$$A_u = A_{u1} A_{u2} \cdots A_{un}$$

其中，A_{u1}、A_{u2} 和 A_{un} 分别为第一级的电压放大倍数、第二级的电压放大倍数和第 n 级的电压放大倍数。

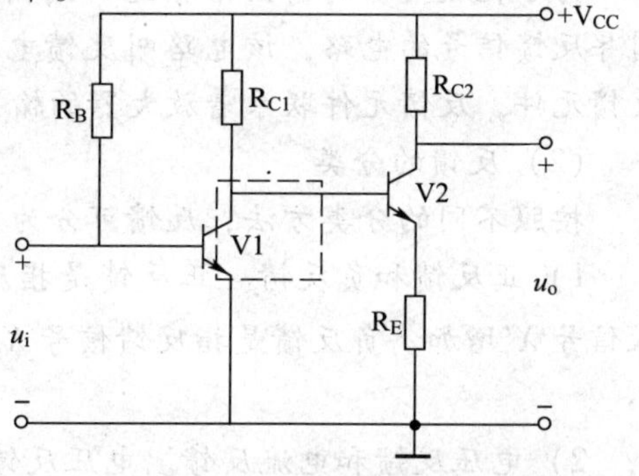

图 7—1—21　直接耦合放大电路

不过，要特别注意的是，这里所反映的各级放大倍数并不是孤立的，而是要考虑后级对前级的影响。在求每一个单级的放大倍数时，要考虑到下级放大器的输入电阻也是前级负载的一部分。

2）估算多级放大器的输入电阻 R_i 和输出电阻 R_o。多级放大器的输入电阻 R_i 等于第一级放大器的输入电阻 R_{i1}，即：

$$R_i = R_{i1}$$

多级放大器的输出电阻 R_o 等于最后一级放大器的输出电阻 R_{on}，即：

$$R_o = R_{on}$$

但计算输入、输出电阻时必须考虑级间的影响。

7. 放大电路中的负反馈

放大器中的反馈是指把放大器输出信号（电压或电流）的一部分或全部通过一定的电路，按照某种方式送回到输入端并与输入信号（电压或电流）相叠加，从而改变放大器性能的一种方法。这种把电压或电流从放大器的输出端返送到输入端的过程叫作反馈。

（1）反馈的组成

反馈放大器由基本放大电路 A 和反馈电路 F 两部分组成，如图 7—1—22 所示为反馈放大器的方框图。图中“⊗”称为比较环节，表示信号在此叠加，箭头表示信号的传输方向。输出量 X_o 经反馈电路处理获得反馈量 X_f 送回到输入端，与输入量 X_i 叠加产生净输入量 X_i' 加到放大器的输入端。引入反馈后，使信号既有正向传输又有反向传输，电路形成闭合的环路，因此，反馈放大器通常称为闭环放大器，而未引入反馈的放大器则称为开环放大器。

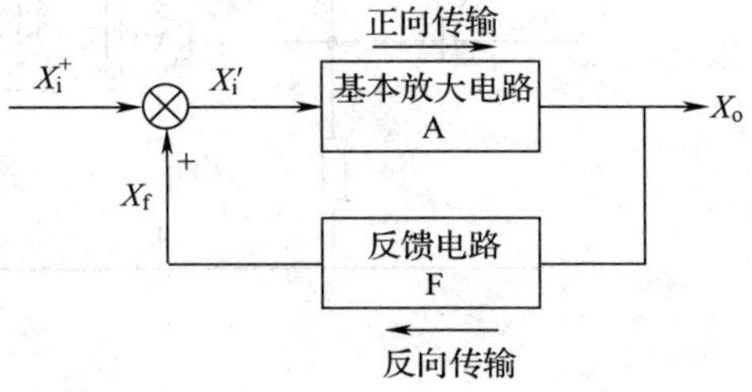

图 7—1—22　反馈放大器的方框图

为了把放大器的输出信号送回到输入端，通常用电阻、电容、电感等元件组成引导反馈信号的电路，该电路叫反馈电路，又叫反馈网络。构成反馈电路的元件叫反馈元件，反馈元件联系着放大器的输出与输入，并影响放大器的输入。

（2）反馈的分类

按照不同的分类方法，反馈可分为多种类型。

1）正反馈和负反馈。正反馈是指反馈信号 X_f 与输入信号 X_i 极性相同，使净输入信号 X_i' 增加。负反馈是指反馈信号 X_f 与输入信号 X_i 极性相反，使净输入信号 X_i' 减小。

2）电压反馈和电流反馈。电压反馈是指反馈信号 X_f 取自输出端负载两端的电压 u_o。电流反馈是指反馈信号取自输出电流 i_o。

3）串联反馈和并联反馈。串联反馈是指反馈电路与信号源相串联。并联反馈是指反馈电路与信号源相并联。

4）直流反馈和交流反馈。直流反馈是指反馈量只含有直流量。交流反馈是指反馈量只含有交流量。

(3) 负反馈放大器的四种基本类型

在实际应用中，负反馈放大器的电路形式多种多样，其特点各异。若同时考虑反馈电路与输入、输出回路的连接方式，负反馈放大器可归纳为以下四种类型（正反馈也有四种类型，在此从略）。即分别为电压串联负反馈、电压并联负反馈、电流串联负反馈和电流并联负反馈四种类型。

(4) 负反馈对放大器性能的影响

1）提高放大倍数的稳定性。电压负反馈能稳定输出电压，电流负反馈能稳定输出电流。

2）减小放大器的非线性失真。引入负反馈不能彻底消除非线性失真。如果输入信号本身就有失真，引入负反馈也无法改善，因为负反馈所能改善的只是放大器所引起的非线性失真。

3）改变放大器的输入电阻和输出电阻。串联负反馈使输入电阻增大；并联负反馈使输入电阻减小；电压负反馈使输出电阻减小；电流负反馈使输出电阻增大。

此外，在放大电路中引入负反馈后，还能提高电路的抗干扰能力，改善电路的频率响应，展宽频带宽度等。

总之，在放大电路中引入负反馈是以牺牲放大倍数为代价，换来放大器各方面性能的改善。若在电路中引入正反馈，对放大电路的影响与之相反，虽使放大倍数增加了，但却使放大器性能变差，所以，一般放大电路中不引入正反馈，正反馈主要应用在振荡电路中。

8. 射极输出器

射极输出器如图 7—1—23 所示。图 7—1—23a 所示电路中输出信号是从发射极取出的，故称该电路为“射极输出器”。输入信号 u_i 经耦合电容 C1 加到基极与“⊥”之间，输出信号 u_o 由发射极与“⊥”之间经耦合电容 C2 输出。交流通路如图 7—1—23c 所示，由此可看出，输入回路和输出回路的公共端为集电极，因此，该电路又称为“共集电极放大电路”。

电阻 R_E 是联系输出回路和输入回路的公共支路，所以 R_E 为反馈元件，它在输出回路中接在输出端，所以是电压反馈，在输入回路中接在发射极，所以是串联反馈，利用瞬时极性法，可判断 R_E 为电路引入了负反馈。那么，R_E 为电路引入了电压串联负反馈。

(1) 射极输出器的特点

1）电压放大倍数小于 1，且接近于 1。

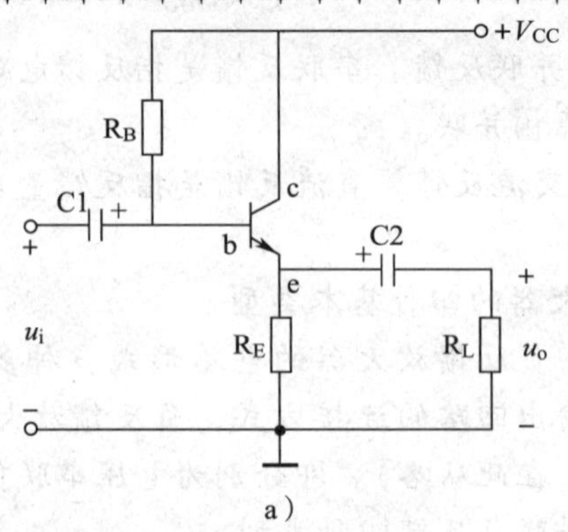

a）

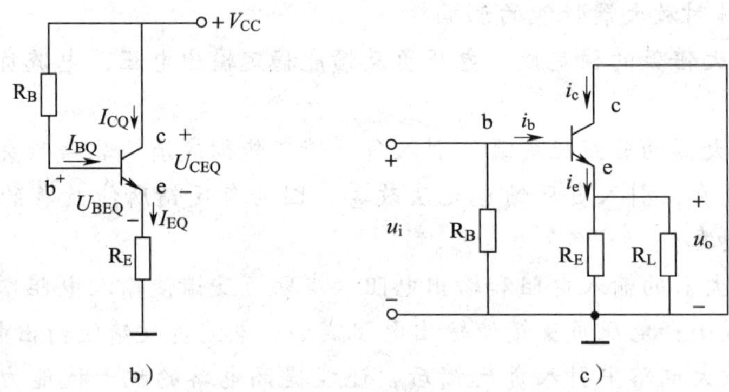

b） c）

图 7—1—23 射极输出器

a）电路 b）直流通路 c）交流通路

2）输出电压与输入电压大小相等，相位相同。这个特性称为射极输出器的电压跟随特性，所以，射极输出器又称为射极跟随器，简称射随器。

3）输入电阻很大，输出电阻很小。这个特性称为阻抗变换特性，射极输出器是一种阻抗变换器。

综上所述，射极输出器是一种典型的电压串联负反馈电路，它具有输入电阻大而输出电阻很小的特点，并且输出电压与输入电压大小相等，相位相同，电压放大倍数近似为1。尽管射极输出器的电压放大倍数略小于1，但因其输出电流为基极电流的（$1+\beta$）倍，具有电流放大作用，因此它仍具有一定的功率放大能力。

（2）电路应用

射极输出器具有输入电阻很高、输出电阻很低及电压跟随作用，有一定的电流和功率放大作用，因而它的应用十分广泛。

1）用作多级放大电路的输入级，因输入电阻很大，可减轻信号源的负担。

2）用作多级放大电路的输出级，因输出电阻很小，可以提高带载能力。

3）用作多级放大电路的中间级，因其具有电压跟随作用，且输入电阻大对前级的影响小，输出电阻小，对后级的影响也小，所以，用作中间级起缓冲、隔离作用。

9. 功率放大器

功率放大电路又称为功率放大器，简称“功放”。功放中使用半导体功率管为主要器件，称功率放大管，简称“功放管”。

（1）对功率放大器的基本要求

1）要求有足够大的输出功率。

2）要求效率要高。

3）要求非线性失真要小。

4）要求功放管的散热要好。

（2）功率放大器的分类

功率放大电路种类很多。按功放管工作点的位置不同，有甲类、乙类和甲乙类三种功率放大器。按功率放大器输出端特点不同分类，有变压器耦合功率放大器、无输出变压器功率放大器（OTL 电路）和无输出电容功率放大器（OCL 电路）。

变压器耦合功率放大器可通过变压器的阻抗变换特性，使负载获得最大输出功率，但由于变压器体积大、笨重、频率特性较差，且不便于集成化，目前已很少使用。OTL 和 OCL 电路都不用输出变压器，便于集成化，所以应用较广。这两种电路实质上是由两个射极输出器组成互补对称的电路结构。

（3）互补对称功率放大器

甲类功放输出波形较好，但因管耗大，效率较低。工作在乙类的功率放大电路，虽然管耗较小，有利于提高效率，但存在严重的失真，使输入信号的半周被削掉了。但若采用两个导电性相反的管子，使它们都工作在乙类放大状态，一个在正半周工作，另一个在负半周工作，同时把两个输出波形加到负载上，在负载上得到完整的输出波形，这样就解决了效率与失真的矛盾。由于两只晶体管工作特性对称，互补对方不足，故称为互补对称功率放大器。

1）单电源供电的互补对称功放电路（OTL 电路）

①电路组成及工作原理　如图 7—1—24 所示为 OTL 功放电路。V1 和 V2 为一对导电性能相反的管子，两管接成射极输出形式，由于输出电阻很小，所以无须变压器就能与低阻负载很好地匹配。大容量的电容 C 既是输出耦合电容，又同时充当电源。

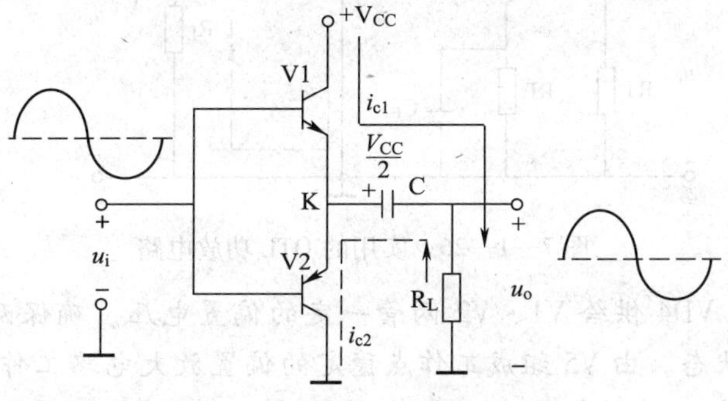

图 7—1—24　OTL 功放电路

静态时，由于电路结构对称，所以 $U_k = V_{CC}/2$，因两管均无偏置，两管均处于截止状态，$I_{BQ} = 0$，$I_{CQ} = 0$，工作在乙类状态。

当输入信号为正半周时，V1 导通，V2 截止，电源 V_{CC} 通过 V1 向电容 C 充电，如图 7—1—24 中实线所示方向。

当输入信号为负半周时，V2 导通，V1 截止，此时电容 C 上的电压（$U_C = V_{CC}/2$）通过 V2 放电，此时，集电极电流 i_{c2} 流过负载 R_L，如图 7—1—24 中虚线所示方向，流过 R_L 的方向与 i_{c1} 方向相反。功放管 V1 和 V2 交替工作，在 R_L 可获得正、负半周完整的输出信号波形，实现了信号的功率放大。

②实用的 OTL 功放电路　OTL 功放管工作在乙类状态，效率较高。而实际上这种电路输出波形并不能很好地反映输入信号的变化，而是在正、负半周的交界处出现了与输入不同的失真波形，这种失真叫“交越失真”，如图 7—1—25 所示。

“交越失真”产生的原因是工作在乙类放大状态时，由于两管发射结都没有偏置电压，当输入信号电压小于死区电压时，V1 和 V2 均处于截止状态，当信号在过零附近处，没有输出信号，产生了失真。

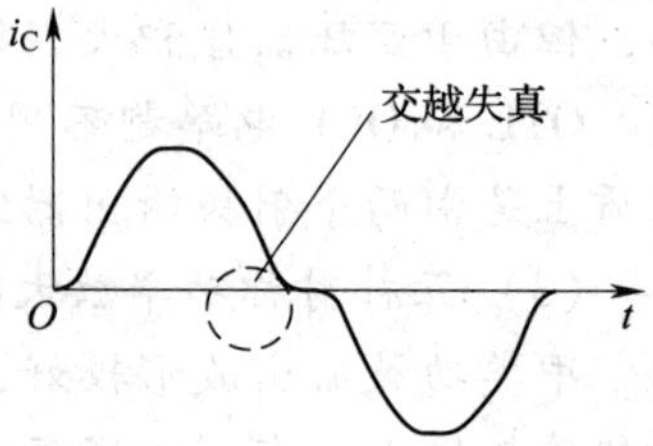

图 7—1—25　交越失真波形

消除交越失真的方法是给 V1、V2 的发射结加上正向很小的偏置电压，使其在静态时管子处于微导通状态，这样输入信号一旦加入，晶体管立即进入线性放大区，从而克服了交越失真。如图 7—1—26 所示为实用的 OTL 功放电路。

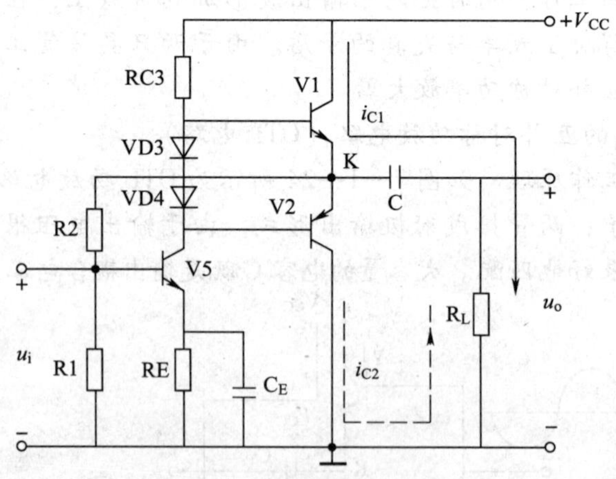

图 7—1—26　实用的 OTL 功放电路

二极管 VD3、VD4 供给 V1、V2 两管一定的偏置电压，确保两管静态时处于微导通（甲乙类）状态。由 V5 组成工作点稳定的偏置放大电路工作于甲类放大状态。R2 为电路引入了电压并联负反馈，使 U_K 趋于稳定，同时也使得放大电路的动态性能指标得到了改善。

OTL 电路虽采用单电源供电，但频率响应较差，不利于电路的集成化。所以一些高级音响设备中大多采用双电源供电的互补对称功放电路（OCL 电路）。

2）双电源供电的互补对称功放电路（OCL 电路）。OTL 电路中，电容 C 为功放管供电，实际起负电源的作用。如果直接用一个负电源代替电容 C，就构成了 OCL 功放电路，如图 7—1—27 所示。

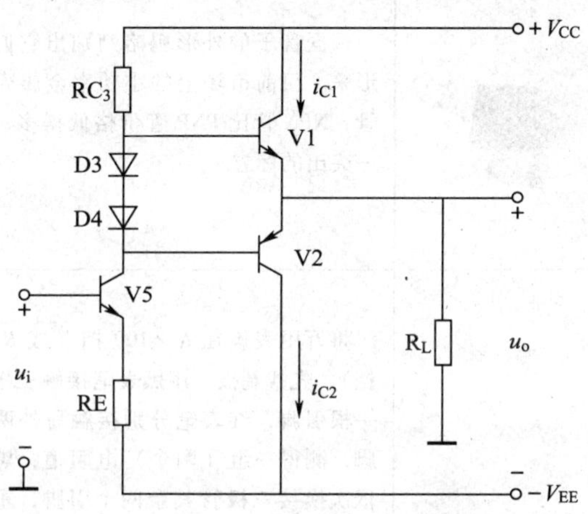

图 7—1—27　OCL 功放电路

OCL 电路与 OTL 电路工作原理相似，但电路采用直接耦合形式，由于没有大容量的电容，低频特性较好，而且便于集成化，所以，广泛应用于高保真的音响设备中。

任务实施

一、实训目的

1. 能简述单元电路功能及其使用方法。
2. 能识别基本电子元器件。

二、主要实训器材的认识

工具及材料清单见表 7—1—8。

表 7—1—8　工具及材料清单

序号	名称	数量
1	三极管	若干
2	万用表	1 只
3	常用无线电工具	1 套

三、实训内容

三极管的检测技能见表7—1—9。

表7—1—9 **三极管的检测技能**

项目	作业图	操作步骤及说明	相关知识及要点
三极管的管形和电极识别		根据管子的外形粗略判别出它们的管形来。目前市场上的小功率金属壳三极管，NPN管比PNP管价格低得多，且有一突出的标志	对塑封小功率三极管来说，也多为NPN管
	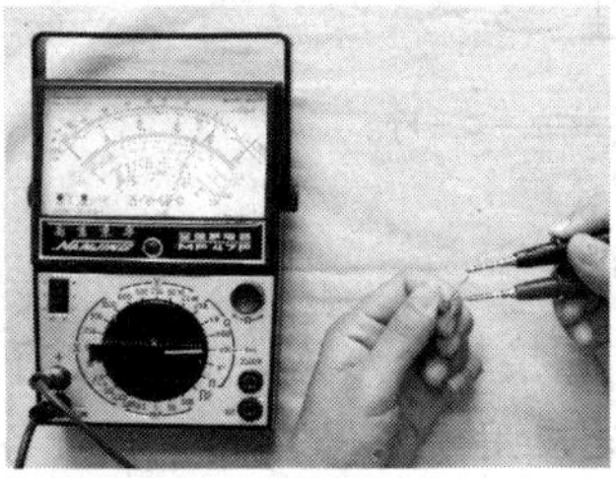	将万用表拨在 $R\times100$ 挡（或 $R\times1$ k挡），先找基极。用黑表笔接触三极管的一根引脚，红表笔分别接触另外两根引脚，测得一组（两个）电阻值；黑表笔依次换接三极管其余两个引脚，重复上述操作，又测得两组电阻值。将所测的电阻值进行比较，当某一组中的两个电阻值基本相同时，黑表笔所接的引脚为三极管的基极。若该组两个阻值为三组中的最小，则说明被测管NPN型；若该组两个阻值为三组中的最大，则说明被测管PNP型	晶体三极管可以看成是两个二极管，以便于判别
高、低频管的判别	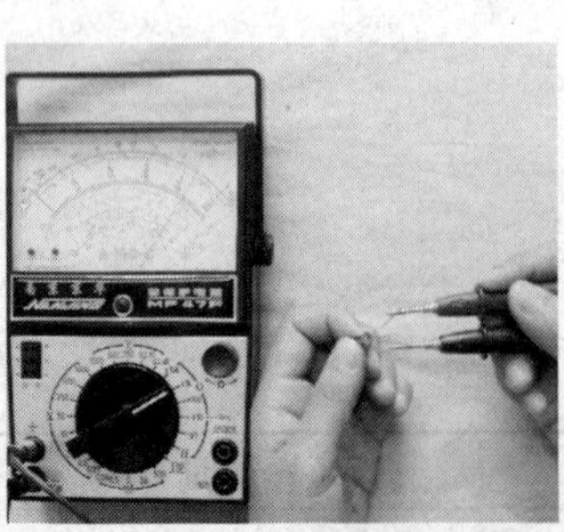	用万用表的 $R\times1$ k挡判别发射结反向电阻值的大小（对NPN三极管，黑表笔接发射极e，红表笔接基极b；对于PNP型三极管，则红黑表笔互换一下），此时电阻一般均在几百千欧以上	当 $f<3$ MHz时为低频管，$f\geqslant3$ MHz时为高频管。当三极管的型号标志不清时，可利用低频管（为合金型结构）反向击穿 $U_{(BR)ebo}$ 比较大，高频管（为扩散型或合金扩散型结构）$U_{(BR)ebo}$ 比较低的不同，用万用表检测其发射结反向电阻，将它们区分开

续表

项目	作业图	操作步骤及说明	相关知识及要点
高、低频管的判别	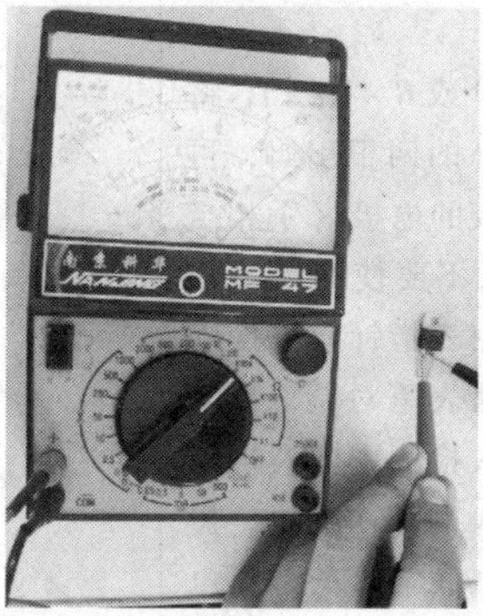	将万用表拨在 $R\times10$ k 挡，重新检测其反向电阻值。若阻值变化不大（表内层叠电池电压未将管子发射结击穿），可断定该管为低频管；若阻值变化较大（发射结被击穿，阻值大大减少），可判定该管为高频管	
硅锗管的判别	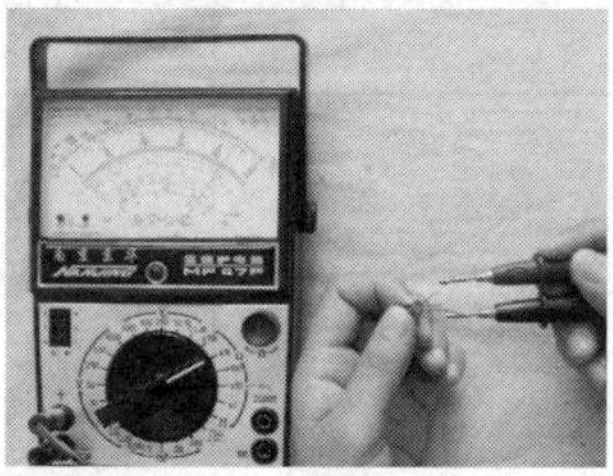	用万用表 $R\times1$ k 挡测量三极管发射结的正反向电阻大小（对 NPN 型管，黑表笔接基极，红表笔接发射极；对 PNP 型管，则黑红表笔对调一下）。若测得阻值在3 ~10 kΩ，说明是硅管，若为 500 ~ 1 000 Ω，说明是锗管	目前市场上锗管大多为 PNP 型，硅管多为 NPN 型
三极管引脚的判别	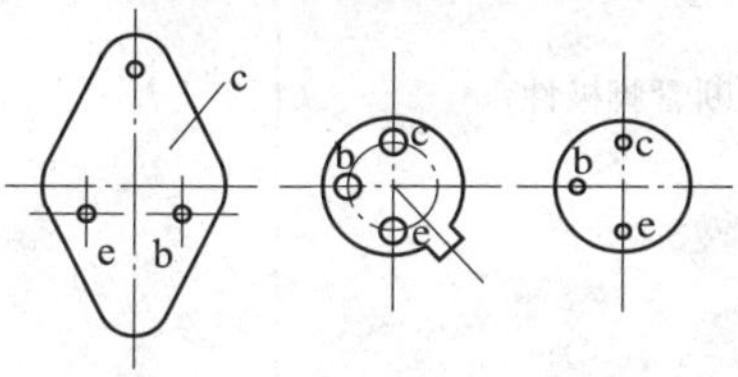 a)　b)　c) 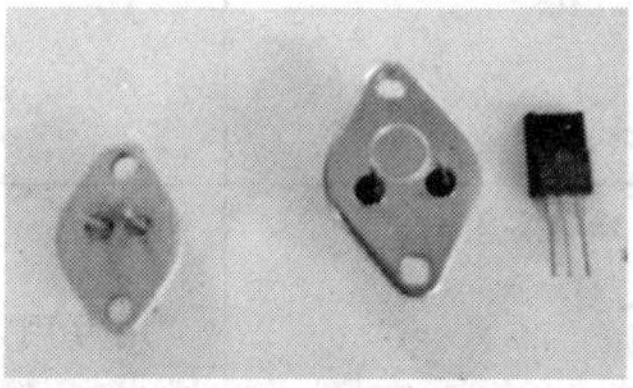 d)	利用三极管的三根引脚分布规律来识别三极管管脚，a）外壳为集电极；b）靠近标记处为发射极；c）e、b、c 组成等腰三角形	
	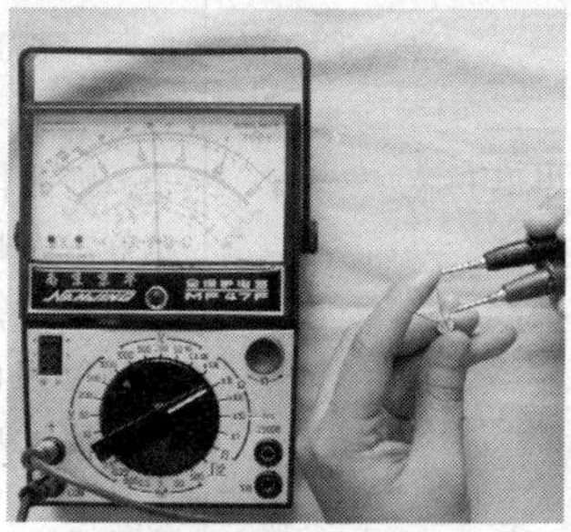 NPN 管的极性判别	在判断出管型和基极 b 的基础上，将万用表拨在 $R\times1$ k 挡上，用黑、红表笔接基极之外的两根引脚，再用手同时捏住黑表笔接的电极（手相当于一个电阻器），注意不要使两表笔相碰，此时注意观察万用表指针向右摆动的幅度；然后，将红黑表笔对调，重复上述的步骤。比较两次检测中向右摆动的幅度，以摆动幅度大的那次为准，黑表笔接的是集电极，红表笔接的是发射极	用万用表的 $R\times1$ k 挡先确定基极和管型（是 NPN 或 PNP），再确定集电极和发射极

续表

项目	作业图	操作步骤及说明	相关知识及要点
三极管引脚的判别	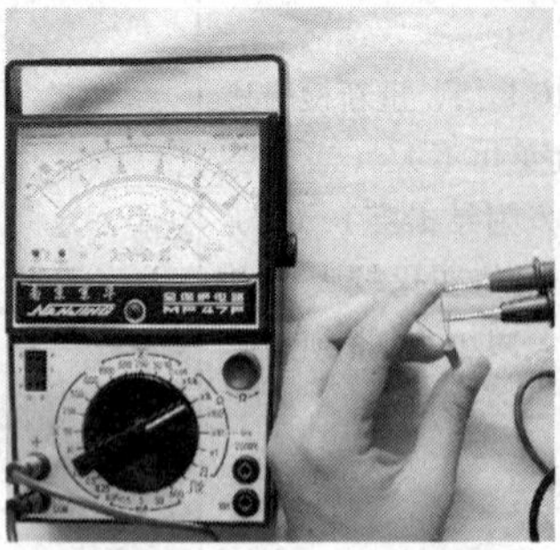 PNP 管的极性判别	用万用表拨在 $R\times100$ 或 $R\times1$ k 挡，将黑、红表笔接基极之外的两根引脚，再用手同时捏住黑表笔接的电极（手相当于一个电阻器），注意不要使两表笔相碰，此时注意观察万用表指针向右摆动的幅度；然后，将红黑表笔对调，重复上述的步骤。比较两次检测中向右摆动的幅度，以摆动幅度大的那次为准，黑表笔接的是发射极，红表笔接的是集电极	
		插入专用孔内判断管脚极性	
三极管的性能检测	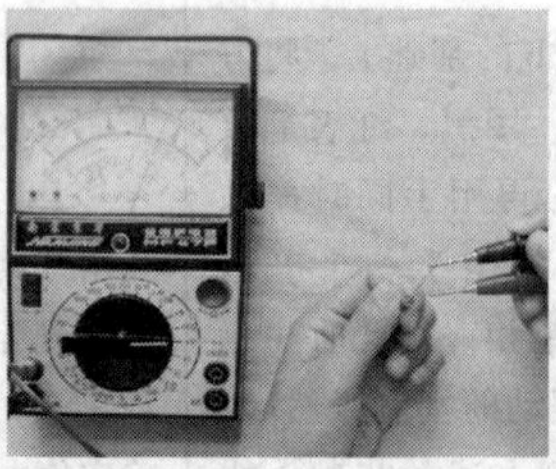	估测 NPN 管的穿透电流 I_{ceo}	用万用表电阻量程 $R\times100$ 或 $R\times1$ k 挡测量集电极发射极反向电阻，若测得的电阻值越大，说明 I_{ceo} 越小，则晶体管稳定性越好。一般硅管比锗管阻值大，高频管比低频管阻值大，小功率管比大功率管阻值大

续表

项目	作业图	操作步骤及说明	相关知识及要点
三极管的性能检测		估测 PNP 管的穿透电流 I_{ceo}	一般硅管比锗管阻值大，高频管比低频管阻值大，小功率管比大功率管阻值大
	NPN 型 红　黑 e b c a） NPN 型 黑　c　红 100k　b e b）	若万用表有测β的功能，可直接进行测量读数；若没有测β的功能，可以在基极集电极间接入一只 100 kΩ 电阻，如图 b 所示。此时，集电极与发射极反向电阻较图 a 所示的小，即万用表指针偏摆大，指针偏摆幅度越大，则β值越大	
	NPN 型 黑　红 c b e	晶体三极管的稳定性能判别：在判断 I_{ceo}的同时，用手捏住管子，管子受人体温度影响，集电极与发射极反向电阻将有所减小，若指针偏摆较大，或者说反向电阻值迅速减小，则管子的稳定性较差	

学习活动 2　线路的安装与调试

学习目标

1. 能正确识别、检测、筛选元器件。

2. 能根据任务要求和安装工艺，制作印制板，正确使用连接件并进行印制板的焊接、电子元器件的安装及自检。

3. 能正确地进行调速电路调试。

知识准备

一、晶闸管调速器的原理

1. 晶闸管调速器的应用领域

晶闸管直流调速系统有可逆调速和不可逆调速两种。不可逆直流调速系统只适用于不要求改变电动机转向或不要求经常改变电动机转向，同时在停车时对快速性又无特殊要求的生产机械，如车床、镗床等。在工业生产中，某些生产机械要求电动机既能频繁正反转又能 快速起动、制动，如龙门刨床、可逆轧钢机等，这些生产机械就需要采用可逆直流调速系统。

2. 晶闸管调速器的工作原理

晶闸管调速器的电路如图 7—2—1 所示。

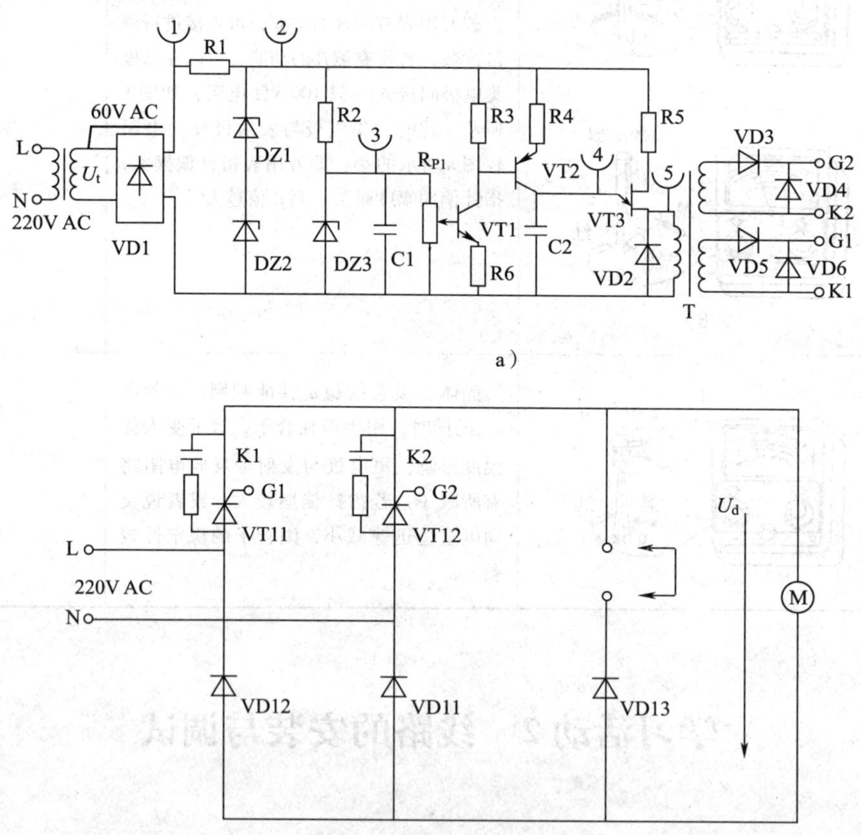

图 7—2—1　晶闸管调速器的电路

（1）电路分析

触发电路的工作原理（单结晶体管触发电路）：单结晶体管触发电路由单结晶体管 VT3、整流稳压环节，及由 VT1、VT2 等组成的等效可变电阻等组成，其原理如图 7—2—1a 所示。

由同步变压器次级输出交流同步电压为 60 V（Ut），经 VD1 整流后，再由稳压管 DZ1、DZ2 削波，从而得到梯形波电压，其过零点与晶闸管阳极电压的过零点一致，梯形波通过 R4、VT2 向电容 C2 充电，当充电电压达到单结晶体管的峰点电压 Up 时，单结晶体管 VT3 导通，从而通过脉冲变压器 T 输出脉冲；C2 经 VT3 放电。由于放电回路的时间常数很小，当电容 C2 两端的电压 U_{C2}很快下降到单结晶体管的谷点电压 Uv 时，VT3 重新关断，C2 开始再次充电，每个梯形波内，VT3 可导通、关断多次，因此，可以产生多个脉冲，但只有第一个触发脉冲起作用。电容 C2 的充电时间常数 T 由充电回路的等效电阻和 C2 容量来决定（$T=R\times C$）。调节 RP1 动触点的位置，就可改变 VT1 的基极电压，使 VT1、VT2 都工作在放大区，即 C2 充、放电回路的等效电阻可随着 VT1 的基极电压改变而改变；也就是说梯形波内的第一个脉冲出现的时刻（控制角 α）可由 RP1 来控制（调节）。

（2）绘制波形

单结晶体管触发电路的各点波形如图 7—2—2 所示。

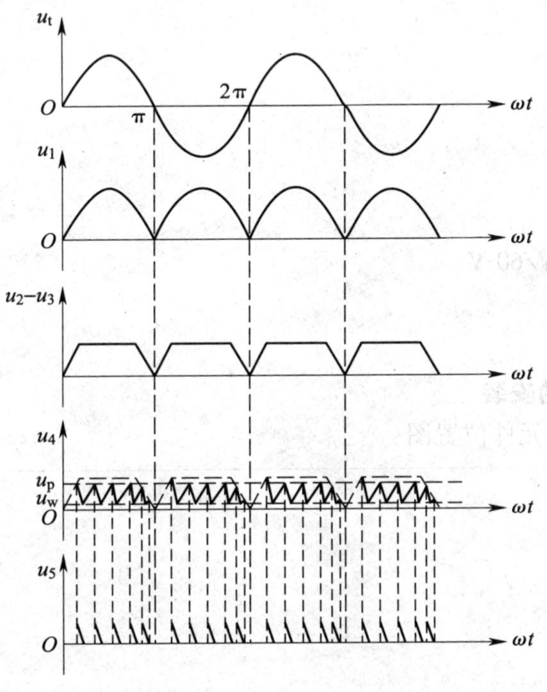

图 7—2—2　单结晶体管触发电路的各点波形

任务实施

一、实训目的

1. 能正确安装晶闸管调速器。
2. 能正确测量晶闸管调速器电路参数。

二、主要实训器材的认识

触发电路元器件参数如下：

二极管 VD2 ~ VD6：IN4004

VT1：9013

VT2：9015

VT3：BT33

VD1：最大整流电流为 1 A 的整流桥

稳压管：（DZ1、DZ2、DZ3）：IN4741A

R1：560 Ω／ ±5% RX21 - 8

R2：1 kΩ

R3：2 kΩ

R4：2.2 kΩ

R5：300 Ω，2 W

R6：1 kΩ

R_P：4.7 kΩ

C1：47 μ/25 V

C2：223 k

T：脉冲变压器

电源变压器：220 V/60 V

三、实训内容

1. 晶闸管调速器的安装

（1）绘制触发电路元件位置图

（2）绘制触发电路接线图

（3）绘制主电路接线图

2．晶闸管调速器的调试

（1）晶闸管调速器调试要求与方法

按照焊接操作的基本工艺要求焊接电路。焊接完成后，对电路的装接质量进行自检，重点是装配的准确性，包括元件位置，电源变压器的一次侧、二次侧绕组接线及绝缘恢复等；焊点质量应无虚焊、假焊、漏焊，空隙、毛刺等；没有其他影响安全性指标的缺陷；做好元件整形，检查电路装接无误后，经教师允许，即可进行通电测试。

（2）晶闸管调速器各关键点参数的测量

1）检查电源电压是否正常（220 V，AC）。

2）检查触发电路的同步变压器输出电压是否正常（60 V，AC）。

3）检查图中各点电压波形，是否与分析的结论相同。

4）画出各点的电压波形（控制角为30°和90°时的波形）。

5）测试调速器是否达到任务单的要求。

3. 专业技能评价（见表7—2—1）

表7—2—1　　专业技能评价表

评价项目	评价标准		分值	评分		
				自我评价	小组评价	教师评价
装配	布线	1. 布局合理、紧凑 2. 导线横平、竖直，转角成直角，无交叉 3. 元件间连接关系和电路原理图一致	20分			
	插件	1. 电阻器、二极管水平安装，贴近电路板 2. 元件安装平整、对称 3. 按图装配，元件的位置、极性正确	20分			
	焊接	1. 焊点光亮、清洁、焊料适量 2. 布线平直 3. 无漏焊、虚焊、假焊、搭焊等现象，焊接后元件引脚剪脚留头长度小于1 mm	20分			
测试	总装	1. 总装符合工艺要求 2. 导线连接正确，绝缘恢复良好 3. 不损伤绝缘层和元器件表面涂敷层 4. 紧固件牢固可靠	10分			
	测试	1. 按测试要求和步骤正确测量 2. 正确使用万用表 3. 正确使用示波器观察波形	20分			
安全、文明	1. 安全用电，不人为损坏元器件、加工件和设备等 2. 保持工作环境整洁、秩序井然，操作习惯良好		10分			
合计						

四、综合评价（见表7—2—2）

评价考核分四个等级：A（100～90）、B（89～75）、C（74～60）、D（59～0）。

表7—2—2　　综合评价表

项目名称	评价内容	配分	评价分数		
			自评	互评	师评
职业素养考核项目（40%）	劳动保护用品穿戴整洁	6分			
	安全意识、责任意识、服从意识	6分			
	积极参加教学活动，按时完成学生工作页	10分			

续表

项目名称	评价内容	配分	评价分数		
			自评	互评	师评
职业素养考核项目（40%）	团队合作、与人交流能力	6分			
	劳动纪律	6分			
	生产现场管理6S标准	6分			
专业能力考核项目（60%）	专业知识查找及时、准确	12分			
	操作符合规范	18分			
	操作熟练，工作效率高	12分			
	成品的验收质量高	18分			
总　分					
总 评	自评（20%）+互评（20%）+教师评（60%）	综合等级	教师（签名）：		